数字时代的碳达峰与碳中和

主　编◎中央党校（国家行政学院）经济学部曹立
副主编◎陈丽娟　阎荣舟

新 华 出 版 社

图书在版编目（CIP）数据

数字时代的碳达峰与碳中和 / 曹立主编.
-- 北京 : 新华出版社, 2022.7（2025.2重印）
ISBN 978-7-5166-6354-7

Ⅰ. ①数… Ⅱ. ①曹… Ⅲ. ①二氧化碳－排污交易－研究－中国
Ⅳ. ①X511

中国版本图书馆CIP数据核字（2022）第130238号

数字时代的碳达峰与碳中和

主　　编： 曹　立

出 版 人： 匡乐成
责任编辑： 赵怀志　李　宇　　　　**封面设计：** 刘宝龙

出版发行： 新华出版社
地　　址： 北京石景山区京原路8号　　　　**邮　　编：** 100040
网　　址： http://www.xinhuapub.com
经　　销： 新华书店、新华出版社天猫旗舰店、京东旗舰店及各大网店
购书热线： 010－63077122　　　　**中国新闻书店购书热线：** 010－63072012

照　　排： 六合方圆
印　　刷： 大厂回族自治县众邦印务有限公司

成品尺寸： 170mm × 240mm
印　　张： 16.75　　　　**字　　数：** 200千字
版　　次： 2022年8月第一版　　　　**印　　次：** 2025年2月第二次印刷

书　　号： ISBN 978-7-5166-6354-7
定　　价： 48.00元

编委会

主　编：曹　立

副主编：陈丽娟　阎荣舟

编写组成员（按照姓氏笔画）：

熊务真　黄　蕾　桑　熙　涂艳苹　郭创新　高　慧　段佳惠

周文闻　张芳雪　张东昱　宋逸群　邱　剑　肖　镭　李俊平

刘湘雯　刘知鑫

编写组单位：

中央党校（国家行政学院）经济学部

阿里云计算有限公司

中国石油集团经济技术研究院

北京大学光华管理学院

闽江学院

浙江大学

编写组统筹：

桑熙　肖镭

代序

实现“双碳”目标应形成战略战术共识

碳从哪里来？碳又到哪里去？碳中和对地球和人类未来意味着什么？这是当今世界关注的重要议题。2020年，习近平主席代表中国向世界郑重承诺，力争于2030年前实现碳达峰、努力争取2060年前实现碳中和。此后“双碳”成为社会热词，引发社会各方面的热烈讨论，观点多种多样。因此，有必要对“双碳”目标的历史逻辑、理论逻辑和现实逻辑进行系统解读，全面厘清实现“双碳”目标应有的理性认识和针对性战略举措。

实现“双碳”目标，是党中央统筹国内国际两个大局作出的重大战略决策。第一，实现“双碳”目标，不是别人让我们做，而是我们自己必须要做。能源转型是人类文明形态不断进步的历史必然，这是我国实现高质量发展、可持续发展的内在要求。改革开放以来，我国能源的快速增长支撑了经济的高速增长，能效有明显提高，能源结构也有改善，但还不具革命性，而产业偏重、能效偏低、结构高碳的粗放增长使得环境问题日趋尖锐。近年来，我国已将能源强度、碳强度列入考核指标，能源弹性系数逐步下降。但目前我国能源强度依然是世界平均水平的1.3倍，这显然是不可持续的。如果这一数字提升至1.0，就意味着同等规模的GDP可节省十几亿吨标准煤。各国走向现代化，都会出现一个经济增长与碳排放量脱钩的拐点，这个拐点就是碳达峰，因此，要走现代化，我国一定要实现碳达峰。第二，从全球来看，应对气候变化是全人类的共同挑战和共同事业，中国应与各国一道作出贡献。习近平主席指出，应对气候变化《巴黎协定》代表了全球绿色低碳转型的大方向，是保护地球家园需要采取的最低限度行动，各国必须迈出决定性步伐。“双碳”目标就是在《巴黎协定》的基础上更进一步，提出国家自主贡献承诺。因此，要推动人类命运共同体建设，实现全人类的发展需要，我们一定要走向碳中和。

实现“双碳”目标，是一个复杂的系统工程，是长达几十年的科学转型过程，政策性很强，要保持积极而稳妥的态度，防止两种倾向，第一种倾向是简单化，一刀切；第二种倾向是转型不力，走老路导致发展落后。因此，实现“双碳”目标，必须强化全国一盘棋的国家主体意识，第一，要算好长远的系统大账。第二，要因地制宜，结合不同地域不同领域不同个体的现实情况，明确针对性的减排措施。第三，要讲究减排后剩余排放量与“吸碳”的均衡，在能源消耗和环境吸收优化等方面展开创新研究和实践，探索一条中国特色的能源平衡发展之路。

实现“双碳”目标，必须遵循总体国家安全观，确保能源安全基础上的发展安全。能源安全首先是供需安全。然而认为当供应跟不上需求，并不必然就是不安全。例如，一些地区依靠高耗能高排放产业的冲动拉动本地GDP，这是需要抑制的不合理需求。因此，在将供需安全放在能源安全首位的同时，一定要抑制不合理需求，要以科学供给满足合理需求，这才是真正的供需安全。除供需安全外，能源安全还应包括环境安全、气候安全，尤其要统筹好当前安全和长远安全。当前安全和长远安全是一致的，不是对立的。为此，要把化石能源特别是煤炭的高效洁净利用做好。同时，非化石能源包括可再生能源是我们本国可以掌控的能源，不受国际地缘政治变化的影响。提升非化石能源比重，我们自己能够掌控的能源越多就越安全、越独立，这是长远的能源安全。可再生能源的波动性、间歇性问题要通过智能调峰、运用灵活性资源，并把可再生能源与化石能源、储能技术等结合好，构建新型电力系统，形成优质电力输出，从而实现当前安全与长远安全的统一。

实现“双碳”目标，首在节能提效，节能提效的关键在于产业结构调整。产业结构调整是高质量发展的要求，是补短板、强弱项的应有之义。《中共中央、国务院关于完整准确全面贯彻新发展理念做好碳达峰碳中和工作的意见》强调，首先是要深度调整产业结构，其后是调整能源结构，以科学供给满足能源合理需求，统筹好能源当前安全和长远安全。为此，必须坚决遏制“两高”产业盲目发展，推动能源消费革命，抑制不合理能源消费。同时，大力发展高技术产业、战略新兴产业，实现经济增长与碳排放的脱钩，确保持续性能源安全。

实现“双碳”目标，必须贯彻新发展理念，高质量构建发展现代能源体系。当前，随着能源安全保障进入关键攻坚期，能源低碳转型也进入重要窗口期。为此，要全面认识中国能源资源禀赋（化石能源和丰富的非化石能源资源都是中国的能源资源禀赋），遵循电气化、低碳化、智能化的能源发展趋势，推动建设高质量的现代能源产业体系，巩固提升能源普遍服务水平。其中的关键是要做到“多能互补、源网荷储”8个字。在“源”侧，要实现2060年非化石能源消费比重达到80%的目标，这意味着仍有近20%的化石能源需起到调配作用，非化石能源要与化石能源协调互补，加强能源资源综合开发利用，实现多能互补。在“网”侧，要实现智能化发展，发展智能电网和配电网，提升电网的灵活性、可控性，使其具备吸纳不稳定电源的能力。在“负荷”侧，要发展灵活性资源，引导用户根据市场情况调整电力需求，维持系统平衡。在“储能”侧，要做好与新能源的配合，提高系统的可控性和灵活性。

“知者行之始，行者知之成。”走向伟大复兴的中国，必须加快进入非化石能源时代步伐，久久为功，在能源产业变革、能源技术变革、能源竞争格局变革和用能方式变革的洪流中，实现能源绿色低碳转型，实现“双碳”目标，实现高质量的安全发展。在建设绿色中国、低碳中国中成就美丽中国，实现中华民族伟大复兴，推动建设人类命运共同体。

杜祥琬

（序作者系中国工程院院士、中国工程院原副院长、国家气候变化专家委员会名誉主任）

理论篇

方法篇

实践篇

理论篇

第一章
气候环境变化与可持续发展

工业革命以来，工业化在全球范围内的加速扩张打破了人与自然的平衡，对气候环境造成的危害日益突出，引起了广泛关注。随着全球性生态危机的日益严重，如何有效保护生态环境、实现全球经济社会可持续发展已经成为人类面临的重大问题。气候变化加剧自然灾害发生，威胁生态平衡，严重制约世界各国经济社会的可持续发展。

一、工业化进程对气候环境的巨大影响

工业革命以来，工业化在全球范围内的加速扩张打破了人与自然的平衡，对气候环境造成的危害日益突出，引起了广泛关注。探究工业化进程对气候环境造成的巨大影响首先需要厘清工业化的具体内涵、历史阶段以及工业化对气候环境的影响的主要表现和作用渠道。

根据《新帕尔格雷夫经济学大词典》中的定义：“工业化是一种过程，明确的工业化过程包含以下基本特征。首先，一般来说，国民收入（或地区收入）中制造业活动和第二产业所占比例提高了，其

次，在制造业和第二产业就业的劳动人口的比例一般也有增加的趋势。在这两种比率增加的同时，除了暂时的中断以外，整个人口的人均收入也增加了。”根据这一定义，工业化可以理解为工业产值在国民收入中比重不断上升且工业就业人数在总就业人数中比重不断上升的过程，是一个包括经济总量、经济结构变化和生产关系变革在内的发展过程。《政治经济学辞典》对工业化的定义是：“社会主义工业化机器大工业在社会主义国民经济中占优势地位的主导过程，即用现代科学技术装备工业，并用它去装备农业和国民经济其他部门，使国家由落后的农业国变为先进的工业国的过程……资本主义工业化是资本主义生产方式建立自己的物质技术基础，使大工业在国民经济中取得优势地位的发展过程。”从这一定义可以看出，工业化的过程不仅是工业在国民经济中的地位超过农业的过程，还是先进工业技术对国民经济各部门进行装备的过程，即制造业对国民经济增长的长期驱动过程。

工业化具有实现经济发展、积累物质财富、满足人民需求、提高文明程度和推进现代化的重要作用，是每个国家走向现代化的必由之路。当前，工业化仍是落后国家向发达国家转变中的必经过程。经典工业化理论认为，对于任何国家来说，工业化都是一个不可跨越的发展阶段。一般可以将工业化的进程分为前工业化、工业化初期、工业化中期、工业化后期和后工业化五个时期。工业化始于 18 世纪 60 年代的英国，蒸汽机的发明和使用是工业革命的重要导火索。因此，通常以 1750 年作为分界线，将 1750 年之前划分为前工业化时代。从具体研究一个国家或地区的工业化水平的角度，可将工业化初期、中期和后期划分为前半阶段和后半阶段。工业化进程主要通过构建工业化指标体系进行综合评价，这主要包括一国或地区的经济发展、产业、工业、就业和空间结构等多维发展指标。不同国家和地区所处的工业化进程和阶段不同，英国是首个实现工业化的国家，通过第一次工业革命进入早期工业化阶段，随后在第二次工业革命中加快了工业化进程。19 世纪下半叶开始的第二次工业革命推动工业生产由机械化时代进入电气化时代。得益于第二次工业革命，美国于 19 世纪 80 年代初步完成工业化。大部分发达国家于 19 世纪 70 年代至 20 世纪初期工业化热潮中完成初级工业化，如德国和日本积极调整产业结构，分别于 19 世纪 90 年代和 20 世纪 20 年代基本实现工业化。此外，以韩国、新加坡为代表的新兴工业化国家在 20 世纪 80 至 90 年代实现工业化和经济赶超。在中国共产党的领导下，我国走出了一条适合中国国情的特色工业化道路，用几十年时间完成了发达国家几百年的工业化历程，并规划于 2035 年基本实现新型工业化。

不同国家、不同历史阶段的工业化进程证明，随着工业化在全球范围内的不断推进，对气候环境造成的影响日益突出。自工业革命开始以来，各国在实现工业化的过程中不断排放包括二氧化碳在内的温室气体，使得大气中温室气体浓度急剧升高。有关数据显示，工业化以前全球年均大气二氧化碳浓度为 278ppm（1ppm 为百万分之一），世界气象组织（WMO）全球大气观测计划（GAW）站网观测到全球大气中二氧化碳浓度在 2019 年突破 410ppm，全球大气平均二氧化碳浓度上升到过去 80 万年以来的新高。工业革命以来，大气层里的二氧化碳增加了 30%。如果要把大气层里的二氧化碳含量降到工业化之前的水平，大致需要数百年。温室气体的排放增强了温室效应，加剧了全球变暖趋势。据统计，20 世纪 70 年代以来全球陆地和海洋平均气温直线上升，至 2008 年达到最高温平台后保持相对稳定。世界气象组织 2021 年报告显示，2020 年全球平均温度较工业化前平均水平高出 1.2℃，成为有完整气象观测记录以来的三个最暖年份之一。工业化进程带来的全球变暖问题引发了恶劣天气频发、生物多样性丧失和海平面上升等诸多问题，引起了全球的广泛重视。

工业化生产过程本质上是全人类参与的物质资源形态转化过程，即将自然资源加工制造成可用于消费或再加工过程的产品，并且要以开采能源资源作为动力，实现加工制造过程的可持续。这意味着，工业化生产以消耗自然资源为前提，且在工业化生产过程中还会产生一系列废料，对自然环境具有负的外部性。作为以大规模机器生产为主要特征的生产活动，工业革命标志着化石燃料的大规模开发、使用和剩余排放。西方发达国家传统工业化道路的显著特征是“先污染后治理”，相关数据显示，现存二氧化碳排放中 70% 至 80% 是由发达国家走向发达过程中产生的。根据世界资源研究所统计，工业化时代开始所排放的每 10 吨二氧化碳中，约有 7 吨为发达国家排放；英国及美国的人均历史二氧化碳排放量余额高达 1100 吨，而中国人均水平为 66 吨。

工业化进程主要通过以下渠道使得大气中温室气体浓度急剧增加，对气候环境产生严重影响：第一，工业化生产以化石能源的燃烧作为动力，在大量开采煤炭等地下矿物能源的过程中会增加大气中的甲烷浓度；第二，在工业化进程中，化石燃料的燃烧每年大约释放 50 亿吨二氧化碳，会直接增加空气中二氧化碳的浓度；第三，原始森林树木被大量砍伐作为燃料焚烧，不仅直接增加了大气中二氧化碳的浓度，还降低了森林树木吸收二氧化碳的能力，加剧了全球变暖；第四，在工业生产过程中，燃烧化石能源的工业废气直接增加了大气中的温室气体浓度，如 1952 年伦敦烟雾事件正是由于煤炭燃烧产生的废气受反气旋影响而积聚；第五，工业化是工业技术装备国民经济各部门的过程，在推进农业现代化和机械化的过程中，农田化学氮肥的投入和动物排泄物数量增加会导致大气中温室气体浓度增加；第六，工业化推进了城市化进程，引起了生活方式的巨大转变，不仅工业化生产中需要使用化石燃料，交通出行、城市用电需求的满足在工业化前期都主要依靠传统化石能源提供。随着工业化进程的不断推进，技术的进步和能源体系的多元化会使得单位碳排放浓度逐渐降低，但考虑到发达国家在实现工业化过程中的造成的历史存量碳排放和发展中国家在推进工业化过程中形成的增量碳排放使得气候环境面临严峻挑战。

通过探究工业化历程及其与气候变化的关系可以明确，发达国家在工业化进程中排放的大量温室气体是导致气候变化的最主要原因。因此，发达国家应当作为历史碳排放的主要责任方。进入工业化后期的发达经济体已实现经济发展与碳排放脱钩，能源消费已经由煤炭、石油转向天然气等更加清洁的能源。发达经济体与发展中国家处于不同的发展阶段，拥有不同的现实能力和历史责任，不应一味强调当前和未来影响，要求发展中国家承担更多的减排义务，而应该在减排问题上作出表率，在气候融资、技术和能力建设方面为发展中国家提供支持。以中国为代表的发展中国家尚处于经济上升期、新型工业化推进期和碳排放、碳达峰期。在推进工业化、改善民生福祉和实现发展的过程中应对气候变化的挑战，需要统筹环境保护和经济发展、兼顾气候变化和保障民生，为构建人类命运共同体、人与自然的生命共同体不懈努力。

二、国际社会积极应对气候环境变化

全球气候变化问题是当前世界各国的热点问题，位于全球环境问题之首，对人类的生存与发展产生深刻影响，直接关系到各国的深切利益，是当今国际社会共同面临的重大挑战，受到国际社会的普遍关注。气候变化加剧自然灾害发生，威胁生态平衡，严重制约世界各国经济社会的可持续发展。唯有国际合作、携手应对，才是解决气候变化问题的正确选择。

（一）全球气候治理历史进程

1972 年 6 月，联合国人类环境会议在瑞典斯德哥尔摩举行，是联合国开展国际环境治理工作的起点。会议成立联合国环境规划署，作为联合国环境治理的领导机构，并通过全球性保护环境的《人类环境宣言》和《行动计划》，以鼓舞和指导世界各国人民保护与改善人类环境。此次会议中，国际社会第一次就关于人类对全球环境的权利与义务的共同原则作出规定，标志着人类共同环保历程的开始，环境问题自此列入国际议事日程。

1979 年 2 月，世界气象组织第一届气候大会在瑞士日内瓦召开，气候变化第一次作为受到国际社会关注的问题提上议事日程。会议通过《世界气候大会宣言》，旨在引导国际社会积极关注气候变化和变迁。

1988 年，联合国环境规划署和世界气象组织成立政府间气候变化专门委员会（Intergovernmental Panel on Climate Change，IPCC），对气候变化进行科学评估，其出台的评估报告是国际社会认识和了解气候变化问题的主要科学依据。1988 年 12 月，联合国第 43 届大会通过《为人类当代和后代保护全球气候》的决议，并于 1992 年 6 月在巴西里约热内卢举行的联合国环境与发展大会期间开放供签署。此外，会议还通过了《里约环境与发展宣言》《21 世纪行动议程》《联合国气候变化框架公约》等一系列重要文件，气候变化问题逐渐成为全球热点问题。

1997 年 12 月，第三次《联合国气候变化框架公约》缔约方大会在日本京都举行，大会通过《联合国气候变化框架公约的京都议定书》（简称《京都议定书》），是世界进入温室气体减排时代并采取具体行动的开始。《京都议定书》的目标是将大气中的温室气体含量保持在适宜数值，避免人类因剧烈气候变化而受到伤害。2005 年 2 月，《京都议定书》在通过八年后正式生效，是人类历史上首次以法规的形式限制温室气体排放。

2007 年 12 月，第十三次联合国气候变化大会产生“巴厘岛路线图”，成为世界应对气候变化的实施路线，为气候变化全球变暖而寻求国际共同解决措施。

（二）主要国家或经济体的气候变化适应政策

为应对全球气候变化，实现温室气体排放控制目标，国际社会一直致力于采取积极举措。欧盟、加拿大、澳大利亚、日本等主要温室气体排放国家或者经济体分别制定应对气候变化的政策法规，建立应对气候变化的碳排放交易体系，实施各类气候变化税收政策，不断发展完善气候变化适应合作机制，以实现经济、社会和环境的可持续发展。

1. 欧盟

欧盟是推动全球碳达峰碳中和的主力军，其主要政策是推动碳关税、碳汇交易等体制和机制。碳关税是一种碳边境调节措施，起源于“京都关税”，原是欧盟对没有参与《京都协定书》的国家所征收的税种，现指针对进口商品的碳排放量所征收的关税。作为碳关税的具体实施形式之一，“碳边境调节机制”（Carbon Border Adjustment Mechanism，CBAM）是欧盟应对全球气候变化的政策利器。欧盟委员会于 2021 年 7 月 14 日正式公布《欧盟关于建立碳边境调节机制的立法提案》，这一提案的出台将为欧盟的工业出口、各发展中国家的产业链布局带来深远影响。

欧盟的碳关税机制是以完善的碳交易机制为基础，通过高效利用市场手段，对环境资源进行有效配置，促进节能减排技术的发展。欧盟碳交易机制主要分三个阶段。第一个阶段是 2005–2007 年，为《京都议定书》积累经验、奠定基础。这一阶段中涉及的温室气体减排行业仅限于高耗能行业，并设置了被纳入体系的企业门槛。第二个阶段是 2008–2012 年，欧盟将碳排放的限制范围逐步延伸到更多产业。第三个阶段是 2013–2020 年，在分配机制上进行大幅改革，减少碳排放的免费分配，提高用于拍卖的碳排放权份额。

面对全球气候危机，2019 年欧盟委员会主席冯德莱恩启动“绿色新政”战略方案，推出“绿色复苏”的战略计划。2019 年 12 月，欧盟委员会在“绿色新政”中首次正式提出“碳边境调节机制”，并于 2021 年 7 月将该提案正式公布。该提案指出，通过对欧盟与其他国家间的碳排放差异进行管制，对向欧盟出口某些商品的气候法规薄弱的国家征收二氧化碳排放税，防止由碳排放转移而导致全球碳排放目标无法实现。此外，营造一个全球范围内的公平竞争环境，促进欧盟与其他国家的脱碳目标向《巴黎协定》看齐。

2. 加拿大

作为温室气体排放最大的国家之一，加拿大为应对气候变化自 1990 年起颁发一系列战略或计划，重点是扩大技术投资以及更好地了解气候变化所带来的影响。加拿大于 2002 年设立气候变化影响和适应工作组，并于 2005 年制定了《国家气候变化适应框架》，遗憾的是政府未能采纳该框架。2011 年加拿大政府正式通过了《联邦适应政策框架》，以界定适应气候变化的目标、政府作用以及优先行动的过滤标准。除此之外，加拿大还制定了一个“区域适应合作计划”，以激励各区域政府在制定规划、实施决策以及采取行动等方面加强组织协作。

3. 澳大利亚

澳大利亚持续推动实施各项国家措施以减少温室气体排放。2007年澳大利亚通过制定《国家气候变化适应框架》，深化对气候变化的理解，提高气候变化适应能力，提升包括水资源、生物多样性、人体健康、基础设施等在内的关键领域的风险抵御能力。2010年，澳大利亚发表《适应气候变化：政府立场书》，在政府责任、公众义务以及需要在国家一级采取优先行动的重点领域等方面进行明确界定。2011年，为助力国家层面气候变化相关政策的实施，澳大利亚政府成立气候变化特别委员会，旨在提供一个平台，在执行政策方面加强与国家、区域以及地方政府之间的联系。

在区域层次，各州与各地区也积极制定了应对气候变化方面的法规、战略和计划等。例如，南澳大利亚州于2007年颁布《气候变化和温室减排法》，2012年发布《气候变化适应框架》以及《实施气候变化适应框架的政府行动规划（2012–2017）》。这一系列政策构成澳大利亚应对温室气体减排的政策基础，成为各部门各地区拟定各项温室气体减排政策措施的法定依据。

4. 日本

随着逐步深化对气候变化的认识，日本气候变化适应政策的核心重点呈现出三个不同的阶段特征。

第一个阶段为2011年以前，在这一阶段，气候灾害风险管理是日本适应气候变化政策的重点议题，以单一的防灾减灾为主，目标是减小城市气候灾害风险及损失，并被纳入灾害对策与防灾规划。1950

年，日本颁布《土地综合开发法》，将防灾减灾措施与降低灾害风险措施同时纳入土地综合开发计划。1961年制定《灾害对策基本法》，其中明确规定了各行为体在防灾救灾和财政支助方面的义务，从而为城市防灾减灾搭建了法律框架。1963年颁布《防灾基本规划》，明确了各类重大灾害的防范、应对和恢复措施，并逐步制定了完善的防灾减灾计划与风险管理制度。1998年出台《受灾者生活再建支援法》，旨在帮助受灾者恢复生活与重建家园。

第二个阶段为2012–2017年，这一阶段的政策焦点已经从防灾转向提高城市的韧性与适应性。韧性城市是指当外界干扰来临时，该城市可以承受较大压力并迅速恢复，同时利用自适应方法更有效地防范未来灾害。伴随着越来越快的城市化进程，城市面临着日益增加的内外部冲击。在此背景下，2013年日本出台《国土强韧化基本法》，规定地方政府应制定韧性提升计划，将灾害损失控制在最低程度。2014年日本制定《国土强韧化基本规划》，提出应以脆弱性科学评估作为制定韧性提升对策的政策依据。2015年，日本发布《气候变化影响评估报告（2015）》，评估气候变化对日本水资源、生态环境、产业经济、城市生活等领域所产生的影响。

第三个阶段为2018年至今，在这一阶段，日本的城市规划与发展决策中更多地融入了适应性概念，通过政策设计和资源配置更灵活地应对气候变化。2018年日本首次从法律视角出发，颁布《气候变化适应法》，将适应理念融入区域发展规划。同年，日本出台《气候变化适应计划》，针对地方适应规划、区域协作机制以及组织保障体系等内容作出明确规定。2020年发布《气候变化影响评估报告（2020）》，分析未来气候变化对日本的影响，并探讨政府的相应对策，以展示城市层面的适应计划。

第二章
碳达峰碳中和是实现可持续发展的必由之路

碳的消耗与排放是人类生产生活的自然过程，但这一过程必须与大自然的生态系统契合，形成系统性均衡。一旦出现失衡，则会导致自然系统对人类的反噬。因此，人类必须从人与自然生命共同体的角度理解把握碳达峰碳中和，遵循客观规律以实现可持续发展。

一、碳排放与气候变化的关系

厘清碳排放和气候变化的概念内涵以及二者之间的关系，有助于加深对碳达峰碳中和的认识。碳排放是指人类生产经营活动过程中向外界排放温室气体的过程。大气中的温室气体包括二氧化碳、甲烷、氧化亚氮等。由于二氧化碳是最主要的温室气体，因此用碳作为代表。温室气体能够让太阳可见光穿过大气到达地球表面，而地球向外辐射的红外线大部分被温室气体吸收，从而使得地球表面的问题升高产生温室效应。温室气体可以看作是地球的“保暖羽绒服”，使温度得以维持，人类得以生存。如果大气中温室气体持续增加，会使得地球表面温度由于温室效应逐渐升高造成全球变暖，对世界气候造成显著并造成一系列严重后果。因此，必须严格控制大气中温室气体浓度增加。作为首个设定强制性减排目标的国际协议，《京都议定书》明确要求对 6 种温室气体的排放进行削减与控制，分别是二氧化碳、甲烷、氧化亚氮、氢氟碳化合物、全氟碳化合物以及六氟化硫。

气候变化是指气候平均状态和离差两者中的一个或两者一起出现了统计上的显著变化，即离差值增大表明气候状态不稳定性增加。联合国政府间气候变化专门委员会（IPCC）将气候变化定义由自然内部过程或外部强迫造成的气候状况的变化，太阳周期的调整、火山爆发、土地利用的变化或造成大气成分变化的人为活动都可以看作是外部强迫。气候变化通常会持续几十年或者更长的时间，具有复杂性、长期性和突变性的特点。从内容来看，温度的升降、降水的多少、风力的大小等都可以视为气候变化的表现形式，而全球变暖是气候变化的最显著特征和最主要内容。因此，我们尤其关注全球变暖的原因以及严重后果。全球变暖是指以观测或预估的全球地表温度逐渐升高，全球变暖趋势会对环境资源、生态系统、生命安全造成一系列潜在影响。我们可以从不同圈层考察全球变暖的影响：从大气圈来看，全球变暖趋势使得高温和强降水等极端天气事件增多，提高了气候风险水平；从水圈来看，海洋变暖呈加速上升态势，全球平均海平面波动上升；从冰冻圈来看，全球山地冰川呈现消融退缩状态，北极海冰范围呈减少态势；从生物圈来看，全球变暖会造成生物多样性丧失和全球生态系统紊乱问题。此外，全球变暖还会造成农作物收入降低、领土损失、公共卫生问题加剧等后果，对经济社会发展、国家安全和全球治理提出严峻挑战。

在明确碳排放和气候变化的基本含义后，有必要对二者的关系进行深入探讨。1899 年，美国地理学家张伯伦曾预测，使用化石能源将提升大气中二氧化碳的浓度导致温度升高。1988 年联合国环境规划署和世界气象组织联合成立政府间气候变化专门委员会（IPCC）对气候变化的成因、影响及解决对策作出系统性、科学性地评估，IPCC 于 1990、1995、2001、2007 年和 2013 年相继发布的全球气候变化科学评估报告始终强调 20 世纪中叶以来的全球变暖很可能是人为二氧化碳等温室气体排放造成的。其主要过程是工业革命以来人类在生产生活中过量排放温室气体，使得大气吸收热能的能力增强，强化了温室效应从而导致气候变暖。IPCC 得出的结论具有物理基础和气候模式的支撑，一方面，二氧化碳导致全球变暖物理学基础已成为共识，二氧化碳浓度的增加一定会导致升温；另一方面，这一结论具有气候模式的支撑。气候模式是通过数学方程式表现地球气候系统各个圈层相互作用和反馈的过程，能够帮助人们理解气候系统的演变机理。目前的气候模式能够模拟出近百年的气候变暖趋势，且模拟的气候变暖量级接近实际观测值。

通过上述讨论，我们得知近 100 年来的全球变暖的主要原因被归结为人类过度向大气排放二氧化碳及其他温室气体产生温室效应。据《中国气候变化蓝皮书 2021》报告显示，2020 年全球平均温度较工业化前水平（1850–1900 年平均值）高出 1.2℃，是有完整气象观测记录以来的三个最暖年份之一。亚洲陆地表面平均气温比常年值（使用 1981–2010 年气候基准期）偏高 1.06℃，是 20 世纪初以来的最暖年份。温室气体对全球变暖的贡献，既取决于气体浓度，也取决于气体强度。按照对全球升温的贡献百分比来看，二氧化碳由于含量较多所占的比例也最大，被视作全球变暖的“罪魁祸首”。面对未来温室气体的排放可能将使全球气温继续提高的趋势，亟须对碳排放影响气候变化的渠道进行梳理。

碳排放对气候变化的影响主要路径包括以下三个方面：第一，人类生产生活中所使用的化石燃料造成的温室气体排放。生产方面，主要包括发电和供热行业以及工业制造过程中的碳排放，工业制造工程包括化石能源的开采、燃烧、工业生产过程和废弃物的处理过程，都会造成大量碳排放。特别需要注意的是，若一国能源消费结构以煤炭为主，将会造成更多的碳排放。农业和畜牧业中使用的化肥农药的大量使用及产生的动物粪便等也会造成温室气体排放；生活方面，航空、铁路、公路等交通运输工具需要燃烧化石燃料，由此带来的碳排放会增加大气中的温室气体浓度。另外，商业建筑和住宅内的燃料燃烧也会造成碳排放，上述生产、生活中产生的碳排放会增加大气中的二氧化碳浓度从而加剧温室效应。第二，大量砍伐并焚烧树木释放的温室气体，燃烧树木会造成大气中温室气体浓度增加，砍伐树不仅会降低森林通过光合作用吸收二氧化碳的能力还会使得贮存在森林中的碳释放出来进入大气中，使森林由温室气体的吸收库变为释放源。第三，土地利用变化造成的温室效应。土地利用是指人类根据土地的特点，采取生物和技术手段将土地从自然生态系统变为人工生态系统的过程。土地利用变化会引起生态系统结构和生态系统功能的改变从而对生态系统碳循环产生影响。2012年，R.A. Houghton等学者研究表明，土地利用变化引起的碳排放约占人类活动影响碳排放总量的三分之一。

全球气温上升这一气候变化问题之所以引起高度重视，源于它不仅是环境议题，更是关于发展的议题。随着全球经济社会的发展，生产和生活中用能需求也呈现上升趋势。如何平衡碳排放和气候变化之间的关系成为亟待解决的问题。考虑到二氧化碳等温室气体排放造成的全球变暖对人类社会造成的重大影响，采取国际性的应对方案使未来全球碳排放量保持稳定水平，实现碳达峰碳中和具有必要性、重要性和紧迫性。

面对碳排放引起的气候变化，可以采取适应性措施和预防性措施。其中，适应性措施包括：修建堤坝和防海墙，应对海平面上升和极端气候事件，以及改变不同地区农业的耕地类型以适应气候变化。预防性措施则包括减少温室气体排放和增加碳汇两方面：减少温室气体排放方面，就目前的排放速度而言，二氧化碳和其他温室气体将继续在大气中积累，保持气候稳定，不仅需要稳定温室气体排放，还需要削减其排放水平。削减二氧化碳等温室气体排放可以从以下方向努力：改变能源结构、构建清洁低碳高效安全的能源体系、提升能源利用效率、提高全民节能减排意识和减少对碳密集型产品的需求等，将低碳理念贯穿到生产生活全过程中；增加碳汇方面，可以通过植树提高森林蓄积量增加植物碳汇，发挥森林巨大的碳汇潜力。考虑到海洋生物能够通过光合作用、生物链等机制吸收和储存大气中的二氧化碳，可以通过加强海洋碳汇研究核算和价值评估体系推动海洋碳汇发展，开发海洋负排放能力，发挥海洋在固碳方面的重要作用。

二、碳达峰碳中和目标的提出背景和理论基础

2020 年中央经济工作会议把“做好碳达峰、碳中和工作”列入 2021 年八大任务之一。2021 中央经济工作会议强调指出，要正确认识和把握碳达峰碳中和。这是在我国进入“十四五”发展时期，全面开启社会主义现代化新征程伊始，积极应对全球气候变化向世界作出

的庄严承诺，充分展现了我国推动绿色低碳转型与实现高质量发展的巨大勇气和坚定信心，彰显了我国积极参与并引领全球气候治理的负责任大国担当。

（一）碳达峰、碳中和的提出背景

国际方面，全球变暖加剧，气候变化形势严峻。地球大气层的温室效应维护着人类及万物赖以生存的各种生态循环系统的平衡。一旦这种平衡被打破，人类的生存与发展就会面临严峻的威胁。1990 年 IPCC 向联合国提出的评估报告指出，工业化以来，二氧化碳等温室气体的过度排放造成温室效应，地球表面温度变化超过了历史记录的自然变化幅度，这种变化威胁着人类生存的大气、水循环系统，人类和大多数动植物将面临生存危机。因此，控制温室气体排放已成为全人类面临的一个主要问题。《联合国气候变化框架公约》的近 200 个缔约方在 2015 年巴黎气候大会上达成《巴黎协定》，这是一项新的全球气候协议，为2020年后全球应对气候变化行动作出安排。根据《巴黎协定》规定，各缔约方需明确自主贡献目标，碳排放尽早达到峰值，在 21 世纪中叶，碳排放净增量归零，以实现在 21 世纪末将全球地表温度相对于工业革命前上升的幅度控制在 2℃以内，并为控制在 1.5℃以内而努力。多数发达国家在实现碳排放碳达峰后，明确了碳中和的时间表，芬兰确认在 2035 年，瑞典、奥地利等国在 2045 年实现净零排放，欧盟、英国、加拿大、日本等将碳中和的时间点定在 2050 年。2020 年 9 月 22 日，在第七十五届联合国大会一般性辩论上，习近平主席明确提出，“应对气候变化《巴黎协定》代表了全球绿色低碳转型的大方向，是保护地球家园需要采取的最低限度行动，各国必须迈出决定性步伐。中国将提高国家自主贡献力度，采取更加有力的政策和措施，二氧化碳排放力争于2030年前达到峰值，努力争取2060年前实现碳中和”。作为全球应对气候变化的重要参与者，同时也是能源消费大国，中国提出碳达峰、碳中和承诺充分体现了大国担当和使命，也将成为推动全球尽早实现碳达峰目标的有力推动者。

改革开放以来，中国经济加速发展，目前已成为全球第二大经济体。中国经济的高速增长是建立在盲目追求发展速度和规模的基础上，一批高污染、高能耗行业大规模、迅速发展起来，虽然促进了经济高速增长，但也造成了严重的环境污染和温室气体过度排放。随着中国经济步入“新常态”，高投入、高污染、高碳排放的粗放型发展模式难以适应社会发展。新形势下，推动中国经济增长从依靠速度和规模的扩张转向依靠质量和效率的提升，是实现可持续发展的内在要求。作为我国经济工作领域的一项重要内容，碳达峰与碳中和目标实现是我国经济实现结构性变革、高质量发展的重要前提和保证，也是我国今后近半个世纪长期坚持的战略任务。此外，碳达峰、碳中和愿景的提出为持续倒逼我国深化绿色经济转型、加快能源结构调整及推进碳市场建设等提供有效驱动，并与生态文明建设协同并进，形成合力，共同实现“美丽中国”建设目标。

（二）碳达峰、碳中和的理论基础

碳达峰是指某个地区或行业的年度二氧化碳排放量达到历史最高值（即峰值），之后经历平台期，再逐步回落的过程。碳达峰是二氧化碳排放量由增转降的历史拐点，是碳排放与经济发展脱钩的重要标志，达峰目标包括达峰年份和峰值。实现碳达峰意味着要努力减缓二氧化碳排放速度，有效控制二氧化碳排放规模，尽快实现二氧化碳排放峰值的到来。

碳中和是指在碳达峰过程中，对企业、团体或个人一定时间内产生的二氧化碳排放总量，通过植树造林、采用低碳技术、新型工业化、节能减排等多种形式，主动处理二氧化碳排放量，从而抵消人类活动产生的二氧化碳排放量，实现“零排放”。简单地说，就是让二氧化碳排放量“收支相抵”。

碳达峰与碳中和是相互关联的两个阶段，碳达峰是碳中和的前提和基础，唯有实现碳达峰，才能达到碳中和。二者之间存在“此快彼快、此低彼易、此缓彼难”的关联关系。碳达峰的时间和峰值水平直接影响碳中和实现的时长和难度：达峰时间越早，实现碳中和的压力越小；峰值越高，实现碳中和所要求的技术进步和发展模式转变的速度就越快，难度就越大。碳达峰是手段，碳中和是最终目的。碳达峰时间与峰值水平应在碳中和愿景约束下确定。峰值水平越低，减排成本和减排难度就越低；从碳达峰到碳中和的时间越长，减排压力就会越小。

2021 年 3 月 15 日，中央财经委员会第九次会议提出要把碳达峰、碳中和纳入生态文明建设整体布局，力争 2030 年前实现碳达峰，2060 年前实现碳中和。这意味着世界上最大的发展中国家和煤炭消耗大国，将要完成全球最高碳排放强度降幅，并用全球历史上最短时间达成从碳达峰到碳中和。这无疑是一场硬仗。2021 年中央经济工作会议提出，实现碳达峰碳中和是推动高质量发展的内在要求，要坚定不移推进，但不可能毕其功于一役。要坚持全国统筹、节约优先、双轮驱动、内外畅通、防范风险的原则。传统能源逐步退出要建立在新能源安全可靠的替代基础上。要立足以煤为主的基本国情，抓好煤炭清洁高效利用，增加新能源消纳能力，推动煤炭和新能源优化组合。要狠抓绿色低碳技术攻关。要科学考核，新增可再生能源和原料用能不纳入能源消费总量控制，创造条件尽早实现能耗“双控”向碳排放总量和强度“双控”转变，加快形成减污降碳的激励约束机制，防止简单层层分解。要确保能源供应，大企业特别是国有企业要带头保供稳价。要深入推动能源革命，加快建设能源强国。

结合发达国家的节能减排经验及我国经济发展情况，碳中和愿景下的排放路径可分为 4 个阶段：2020–2030 年为达峰期，2030–2035 年为平台期，2035–2050 年为下降期，2050–2060 年为中和期。首先，10 年时间促成碳达峰，时间紧、任务重，需要尽快尽早实现碳达峰，并严格控制排放峰值，为实现碳中和留出更多缓冲时间。在实现达峰目标后，我国将经历 5 年左右的缓冲期，这一时期我国碳排放主要呈现趋缓趋稳、稳中有降的趋势。随后依托以可再生能源为主的低碳能源结构、负排放技术应用等，我国进入 15 年左右的下降期，在迎来碳中和目标的最后 10 年里，中国以深度脱碳为首要目标，通过负排放技术和碳汇效应为能源系统提供灵活性，最终实现碳中和。

我国要尽快实现碳达峰继而寻求碳中和，最基本的要求是调整产业结构和能源结构来减少碳排放，大力开展湿地、草原、森林碳汇来提高碳汇。前者是实现碳达峰目标的首要任务，后者是寻求碳中和的重要途径。2020 年 12 月的气候雄心峰会上，习近平总书记宣布：“到 2030 年，中国单位国内生产总值二氧化碳排放将比 2005 年下降 65% 以上，非化石能源占一次能源消费比重将达到 25% 左右，森林蓄积量将比 2005 年增加 60 亿立方米，风电、太阳能发电总装机总量将达到 12 亿千瓦以上。”

随着工业化城市化进程加快，我国以煤炭、石油等化石燃料为主的能源消费结构是碳排放量居高不下的重要原因。众所周知，碳排放主要来源于化石能源消耗，而中国的能源消耗又以煤炭为主，因此低碳发展战略实质上是减少煤炭消耗。早在 2014 年我国首次提出碳达峰计划时，部分专家提出中国低碳发展的基本逻辑在于首先实现煤炭消费达峰。因此，在全面开启“大幅度提高能源效率、大幅度地改善能源结构、大幅度地提升非化石能源占比”过程中，加快推进煤炭消费率先达峰势在必行，其关键在于能源转型替代。

碳汇与二氧化碳等温室气体密切相关，是指自然中能够吸收二氧化碳的储蓄库，主要通过植树造林、恢复植被、加强森林管理等措施，利用植物光合作用将大气中的二氧化碳固定在植被与土壤中，从而减少大气中温室气体浓度的活动。简单地说，树木等植被通过光合作用吸收了大气中的二氧化碳，这就是碳汇作用。树木把吸收的二氧化碳在光能作用下转变为糖、氧气和有机物，为生物界提供最基本的物质和能量来源，这一转化过程就是固碳效应。

碳汇有森林碳汇、草地碳汇、耕地碳汇、土壤碳汇、海洋碳汇等形式。森林碳汇是指利用森林生态系统吸收二氧化碳等温室气体，并将其固定在植被与土壤中，进而减少其在大气中的浓度。根据第九次全国森林资源清查数据，我国森林植被总碳储量 91.86 亿吨，其中 80% 以上的贡献来自天然林。2007 年国务院新闻办公室新闻发布会表示，我国的森林资源可在应对气候变化的过程中作出重大贡献。土壤是陆地生态系统中最大的碳库，在降低大气中温室气体浓度、减缓全球气候变暖中，具有独特的作用。因此，持续推进天然林保护修复、建立国家森林公园、湿地公园等自然保护地体系，进一步在全国范围内推进国土绿化专项行动，继续深化还林还草工程建设，充分发挥森林、草原、湿地的碳汇潜力。

三、中国碳达峰碳中和的提出及重大意义

自然界是人类生存的母体，人类的过去、现在、未来都与自然界密切相关。从历史上看，人类文明进步缓慢，并长期处于服从自然、依靠自然的状态，由于一直无法克服自然变化对自身生存的影响，从而使得人类长期对自然怀有一颗敬畏之心。但随着人类发展脚步的前进，人类迎来了工业文明时代，这让人与自然的关系发生了翻天覆地的变化。在工业文明时代，人类不仅依靠能源技术变革突破了生物体力的限制，极大提高了生产力，还发明创造了许多先进生产、生活工具，使得人类抗自然灾害、保持生存稳定性的能力大大增强。在工业文明的巨大成功之下“人类中心论”泛起，即人类认为自身可以借助科技力量而获得生存于是可以不再依附自然，甚至可以战胜自然。但意料之外的是工业文明发展的后果引起的生态环境挑战对人类生存产生了严重威胁，尤其是温室气体排放引起的全球气候变暖问题已到了不得不解决的地步。

进入新世纪以后，世界各国都已经意识到气候变化的严重威胁：自然灾害频发且越来越剧烈、海平面上升淹没沿海城市、生存环境的恶劣引起的大量物种灭绝等。在这个人类面临的共同难题前，有效管理人类的碳排放是当务之急。作为当前最大的发展中国家，中国一直以负责任大国的形象参与国际事务，承担国际责任。面对控制碳排放的世界性议题，中国始终以积极的态度投入到世界减排事业之中。为了践行我国对减排降碳活动的承诺，党中央高度重视碳中和、碳达峰目标的实现进程，中央多次召开重要会议推动我国降碳事业的发展，接着全国从产业结构、能源结构、消费结构等社会生活的方方面面开启了新时代低碳化进程，可以说我国的降碳决心是有目共睹的。

碳达峰、碳中和的目标符合人类社会发展的未来要求，但是其实现过程绝不是一帆风顺的，该目标对我国而言至少施加了三大压力：第一，碳排放第一大国的国际压力。当前我国是世界第一碳排放大国，虽然气候问题主要是近代几百年发达国家的工业化所致，但是中国当前顶着个世界第一碳排放国的帽子，着实给我国带来了不小的国际压力，因此如何尽快丢掉这个“烫手山芋”是我国必须完成的任务；第二，虽然我国经历了几十年的高速发展，但是仍未达到高级工业化阶段，除了少数地区的部分产业已经逐步靠近“高精尖”的领域之外，大部分地区尤其是落后地区的产业结构、能源结构、人才结构仍处于初级工业化水平，大幅度降低碳排放对于我国的经济发展和民生保障会造成不可忽视的影响；第三，我国提出的目标是力争到 2030 年实现碳达峰，到 2060 年实现碳中和，可以发现从碳达峰到碳中和我国承诺所用的时间为 30 年。实际上用 30 年的时间来实现这一目标是具有一定挑战性的，因为我国是世界上最大的发展中国家，我国的经济结构、技术水平、社会生态与发达国家还有着不可忽视的距离，在工业水平还未达到高级化的情况下将双碳目标纳入经济目标之中，这必然会对我国经济造成压力。但是挑战往往与机遇并存，在全球向“低碳”开战的形势下，中国如果能抓住历史机遇在“碳竞争”之中脱颖而出则会实现“名利双收”。具体来看，如果中国能够如期完成承诺的碳达峰、碳中和目标，那么这对我国而言将至少有如下意义。

首先对我国自身而言，碳达峰、碳中和的实践将从以下三个方面作用于我国发展过程。第一，碳达峰、碳中和有利于我国走向可持续发展道路。碳达峰、碳中和不仅是满足世界对我国提出的要求，也是我国自身发展的逻辑必然。我国改革开放以来的发展模式造成了资源浪费、环境污染等问题严重破坏了可持续发展的原则，造成了诸多生态环境问题。当下我国已经认识到了生态环境的极端重要性，并空前加大了生态环保力度。在我国明确提出碳中和、碳达峰的目标下，我国必然要改变已有发展模式，将世界责任与国内发展统筹起来，通过不断创新走生态良好的可持续发展之路。实际上，碳达峰碳中和的提出既给我国的道路转型提供了动力，也为我国推行可持续发展提供了抓手。未来在碳达峰碳中和的促进下，我国必定会走向人与自然和谐共处的新型现代化道路。

第二，碳达峰碳中和促进科技发展，倒逼经济转型。在我国全面建设社会主义现代化国家过程中，碳达峰、碳中和的实践将引起新科技的产生和应用。这为我国实现科技飞跃提供了动力。在未来碳交易逐步市场化之后，谁能掌握先进的降碳核心技术，谁就能在新的市场竞争中取得优势地位，这无疑是企业进行科研投入的重要推动力。在碳达峰、碳中和的促进下，我国经济也将随着生态科技的进步而转型：一方面已有高污染行业可以在新科技的支持下而改造；另一方面大量新的绿色产业将会兴起，比如我国的新能源汽车行业在世界汽车竞争格局中实现“弯道超车”，这是我国后发优势的鲜明体现。总之在双碳战略下我国不仅将会对现有的产业结构、能源结构、交通结构进行一次较大范围的升级改造，同时也将大量投资建筑、交通、光伏、生化、排放等新能源基础配套设施建设，为绿色工程生产力的提升提供基础保障，这也将盘活经济，助推中国经济站稳新台阶。

第三，低碳助力乡村振兴与生态文明建设。降碳实践本质是人与自然关系调整的过程，而碳达峰、碳中和目标将会给我国经济社会变革带来重要机遇。当前，我国为解决“三农问题”而提出了乡村振兴战略，而要实现乡村振兴就必须找到乡村的独特优势。由于农村地区是人与自然关系最为密切的区域，其最丰富的资源当属生态资源，这也是我国构建生态文明的基础。因此在低碳目标下乡村可以开发生态资源，有效发挥乡村在碳达峰、碳中和过程中的作用，使得碳达峰碳中和与乡村振兴战略、生态文明建设三者有机结合起来，共同推动我国走向生态良好的强国之路。

从国际方面来说，碳达峰、碳中和的实现可以对我国产生如下影响。第一，打造“碳治理”名片，展示中国特色社会主义制度的优越性。中国的改革开放成就了“中国奇迹”，这背后离不开中国特色社会主义制度优越性的支持。在面临全球气候变暖这个人类的共同难题时，中国可以发挥其特有的制度优势，依靠强大的政府力量深度干预经济过程，使我国社会向低碳化、生态化转变。在世界碳治理难题中，中国的制度优势无疑会在世界“碳治理”格局中树立光辉的典范。

第二，我国可以借助碳达峰碳中和提升国际话语权，深度参与国际事务。降低碳排放虽然已经获得世界绝大多数国家和人民的认可，但是由于减排过程涉及国家发展权益问题，每个国家的资源禀赋、技术基础、产业结构并不一致，进行全球性的统一协调行动存在困难，实际上全球气候变化治理的谈判工作就一直处于激烈地博弈之中，全球气候治理的科学问题也不可避免地被政治化。在这种情况下，中国如果能够在碳治理过程中取得优异成绩，那么在全球减排事业中也就具有了话语权，因此“碳中和”历史机遇难得，中国要全力争取参与21世纪“碳中和”国际竞争的资格，以提高减排技术实力与制定国际绿色标准的能力为主，降低碳排放强度并提高GDP绿色发展效率，取得国际绿色低碳竞争的入场券。

第三，推动人类命运共同体建设，引领人类文明的生态化转向。中国是世界四大文明古国中唯一的文明延续至今的古文明，表现了中华文明强大的生存韧性。中华文明的底色是农耕文明，包含着大量人与自然和谐共处的生态思想。碳达峰、碳中和的根本问题是人如何看待自然、利用自然的问题，在这方面中华传统思想中的“天人合一”“民胞物与”等思想包含着对该问题的深刻思考。因此，应该以碳达峰碳中和为契机，深入发掘中华文化中的生态思想资源，并以此为基础构建新时代人与自然和谐共处的生态文明，新时代生态文明的构建不仅对中华民族而言意义重大，还具有引领世界文明发展方向的重要价值。

第三章
完善政策体系推动碳达峰与碳中和

中国向世界承诺二氧化碳排放力争于2030年前达到峰值，努力争取2060年前实现碳中和。碳达峰、碳中和是以习近平同志为核心的党中央统筹国内国际两个大局，经过深思熟虑作出的重大战略决策，是我国实现推动经济高质量发展的必然要求。随着中央推出碳达峰碳中和顶层设计的政策文件，各地方也逐渐开始制定和完善适合当地发展的碳达峰碳中和工作的路线图、施工图，从而形成“全国一盘棋”并扎实推进各项重点工作有序开展的局面。

一、贯彻国家战略，落实地方双碳政策

《中共中央、国务院关于完整准确全面贯彻新发展理念做好碳达峰碳中和工作的意见》于2021年10月24日发布，与此同时，《2030年碳达峰行动方案》也火速出台。两份文件的发布是党中央、国务院从顶层设计出发，对碳达峰、碳中和这项重大工作进行系统谋划和总体部署。随着顶层设计和国家战略的出台，本着“全国一盘棋”的原

则，各个地区也相继出台各自的碳达峰和碳中和政策和路线图，从区域层面全面落实碳达峰碳中和国家战略。

（一）顶层设计

以习近平新时代中国特色社会主义思想为指导，全面贯彻党的十九大和十九届二中、三中、四中、五中、六中全会精神，深入贯彻习近平生态文明思想，立足新发展阶段，贯彻新发展理念，构建新发展格局，坚持系统观念，处理好发展和减排、整体和局部、短期和中长期的关系，把碳达峰、碳中和纳入经济社会发展全局，以经济社会发展全面绿色转型为引领，以能源绿色低碳发展为关键，加快形成节约资源和保护环境的产业结构、生产方式、生活方式、空间格局，坚定不移走生态优先、绿色低碳的高质量发展道路，确保如期实现碳达峰、碳中和。实现碳达峰、碳中和目标，要坚持“全国统筹、节约优先、双轮驱动、内外畅通、防范风险”原则。

主要的目标包含了——

1. 单位 GDP 能耗：到 2025 年，单位国内生产总值能耗比 2020 年下降 13.5%，到 2030 年，单位国内生产总值能耗大幅下降；

2. 单位 GDP 二氧化碳排放：到 2025 年，单位国内生产总值二氧化碳排放比 2020 年下降 18%，到 2030 年，单位国内生产总值二氧化碳排放比 2005 年下降 65% 以上；

3. 非化石能源消费比重：到 2025 年，非化石能源消费比重达到 20% 左右，到 2030 年，非化石能源消费比重达到 25% 左右，风电、太阳能发电总装机容量达到 12 亿千瓦以上；

4. 能源利用效率：到 2025 年，重点行业能源利用效率大幅提升，到 2030 年，重点耗能行业能源利用效率达到国际先进水平，到 2060

年，能源利用效率达到国际先进水平，非化石能源消费比重达到 80% 以上；

5. 绿色低碳循环发展：到 2025 年，绿色低碳循环发展的经济体系初步形成，到 2030 年，经济社会发展全面绿色转型取得显著成效，到 2060 年，绿色低碳循环发展的经济体系和清洁低碳安全高效的能源体系全面建立；

6. 森林碳汇：到 2025 年，森林覆盖率达到 24.1%，森林蓄积量达到 180 亿立方米，到 2030 年，森林覆盖率达到 25% 左右，森林蓄积量达到 190 亿立方米。

推进经济社会发展全面绿色转型，包括要加强绿色低碳发展规划引领，优化绿色低碳发展区域布局，加快形成绿色生产生活方式。深度调整产业机构，其中要推动产业结构优化升级，坚决遏制高耗能高排放项目盲目发展，并且大力发展绿色低碳产业。加快构建清洁低碳安全高效能源体系，要强化能源消费强度和总量双控，大幅提升能源利用效率，严格控制化石能源消费，积极发展非化石能源，深化能源体制机制改革。加快推进低碳交通运输体系建设，其中要优化交通运输结构，推广节能低碳型交通工具，积极引导低碳出行。提升城乡建设绿色低碳发展质量，推进城乡建设和管理模式低碳转型，大力发展节能低碳建筑，加快优化建筑用能结构。加强绿色低碳重大科技攻关和推广应用，强化基础研究和前沿技术布局，加快先进适用技术研发和推广。持续巩固提升碳汇能力，巩固生态系统碳汇能力，提升生态系统碳汇增量。提高对外开放绿色低碳发展水平，加快建立绿色贸易体系，推进绿色“一带一路”建设，加强国际交流与合作。健全法律法规标准和统计监测体系，包括健全法律法规，完善标准计量体系，提升统计监测能力。完善政策机制，要完善投资政策，积极发展绿色金融，完善财税价格政策，并推进市场化机制建设。切实加强组织实施，要加强组织林地，强化统筹协调，压实地方责任，严格监督考核。

（二）行动方案

国务院印发的《2030年前碳达峰行动方案》中明确了“十四五”“十五五”期间的主要目标，归纳如下表：

“十四五”	产业结构和能源结构调整优化取得明显进展。	重点行业能源利用效率大幅提升。	煤炭消费增长得到严格控制。	新型电力系统加快构建。	绿色低碳技术研发和推广应用取得新进展。	绿色生产生活方式得到普遍推行。	有利于绿色低碳循环发展的政策体系进一步完善。	非化石能源消费比重达到20%左右。	单位国内生产总值能源消耗比2020年下降13.5%，单位国内生产总值二氧化碳排放比2020年下降18%。
“十五五”	产业结构调整取得重大进展。	重点耗能行业能源利用效率达到国际先进水平。	非化石能源消费比重进一步提高，煤炭消费逐步减少。	清洁低碳安全高效的能源体系初步建立。	绿色低碳技术取得关键突破。	绿色生活方式成为公众自觉选择。	绿色低碳循环发展政策体系基本健全。	非化石能源消费比重达到25%左右。	单位国内生产总值二氧化碳排放比2005年下降65%以上。

将碳达峰贯穿于经济社会发展全过程和各方面，重点实施能源绿色低碳转型行动、节能降碳增效行动、工业领域碳达峰行动、城乡建设碳达峰行动、交通运输绿色低碳行动、循环经济助力降碳行动、绿色低碳科技创新行动、碳汇能力巩固提升行动、绿色低碳全民行动、各地区梯次有序碳达峰行动等“碳达峰十大行动”。

1. 能源绿色低碳转型行动：推进煤炭消费替代和转型升级，大力发展新能源，因地制宜开发水电，积极安全有序发展核电，合理调控油气消费，加快建设新型电力系统。

2. 节能降碳增效行动：全面提升节能管理，实施节能降碳重点工程，推进重点用能设备节能增效，加强新型基础设施节能降碳。

3. 工业领域碳达峰行动：推动工业领域绿色低碳发展，推动钢铁行业碳达峰，推动有色金属行业碳达峰，推动建材行业碳达峰，推动石化化工行业碳达峰，坚决遏制“两高”项目盲目发展。

4. 城乡建设碳达峰行动：推进城乡建设绿色低碳转型，加快提升建筑能效水平，加快优化建筑用能结构，推进农村建设和用能低碳转型。

5. 交通运输绿色低碳行动：推动运输工具装备低碳转型，构建绿色高效交通运输体系，加快绿色交通基础设施建设。

6. 循环经济助力降碳行动：推进产业园区循环化发展，加强大宗固废综合利用，健全资源循环利用体系，大力推进生活垃圾减量化资源化。

7. 绿色低碳科技创新行动：完善创新体制机制，加强创新能力建设和人才培养，强化应用基础研究，加快先进适用技术研发和推广应用。

8. 碳汇能力巩固提升行动：巩固生态系统固碳作用，提升生态系统碳汇能力，加强生态系统碳汇基础支撑，推进农业农村减排固碳。

9. 绿色低碳全民行动：加强生态文明宣传教育，推广绿色低碳生活方式，引导企业履行社会责任，强化领导干部培训。

10. 各地区梯次有序碳达峰行动：科学合理确定有序达峰目标，因地制宜推进绿色低碳发展，上下联动制定地方达峰方案，组织开展碳达峰试点建设。

（三）地方是碳达峰碳中和落地实施主战场

地方作为经济发展、产业服务、社会治理、民生服务等政策的实施主体，承担着碳达峰碳中和任务的分解承担、政策创新突破重任。2020年以来，随着各地“十四五”规划和2035年远景目标相继公布，在2020年和2021年中央经济工作会议确定的重点任务的指导下，多地明确表示要扎实做好碳达峰、碳中和各项工作，制定2030年前碳排放达峰行动方案。

1. 地方碳达峰、碳中和目标逐渐清晰

由于各省产业结构、发展水平、资源禀赋差异较大，实现碳达峰的路径需结合自身特点制定，上海、江苏、浙江等地提出率先达峰目标。北京已基本完成达峰任务，提出“十四五”阶段完成“北京示范”；上海将在2025年实现达峰，提出要实现绿色高质量发展；大部分省份在“十四五”期间将重点工作列为清洁能源转型，西部清洁能源充沛的区域已将发展清洁能源作为产业转型的重点。

中国碳达峰、碳中和目标主要政策内容

序号	区域	“十四五”发展目标与任务	2021年重点目标与任务	“十四五”关键词	2021关键词
1	北京	碳排放稳中有降，碳中和迈出坚实步伐，为应对气候变化做出北京示范。	坚定不移打好污染防治攻坚战。加强细颗粒物、臭氧、温室气体协同控制，突出碳排放强度和总量“双控”，明确碳中和时间表、路线图。	“北京示范”	
2	上海	坚持生态优先、绿色发展，加大环境治理力度，加快实施生态惠民工程，使绿色成为城市高质量发展最鲜明的底色。	启动第八轮环保三年行动计划。制定实施碳排放、碳达峰行动方案，加快全国碳排放权交易市场建设。	绿色高质量发展	计划

续表

3	天津	扩大绿色生态空间，强化生态环境治理，推动绿色低碳循环发展，完善生态环境保护机制。	制定实施碳排放、碳达峰行动方案，加快行动，持续调整优化产业结构、能源结构，推动钢铁等重点行业率先达峰和煤炭消费尽早达峰，大力发展可再生能源，推进绿色技术研发应用。积极对接全国碳排放权交易市场，完善能源消费“双控”制度，协同推进减污降碳，实施工业污染排放“双控”，推动工业绿色转型。	绿色循环经济	计划
4	重庆	探索建立碳排放总量控制制度，实施二氧化碳排放达峰行动，采取有力措施推动实现2030年前二氧化碳排放达峰目标。开展低碳城市、低碳园区、低碳社区试点示范，推动低碳发展国际合作，建设一批零碳示范园区。	完善基础设施网络。能源网，提速实施渝西天然气输气管网工程，扩大“陕煤入渝”规模，提升“北煤入渝”运输通道能力，争取新增三峡电入渝配额，推动川渝电网一体化发展，推进“疆电入渝”，加快栗子湾抽水蓄能电站等项目前期工作。	试点项目	基础设施
5	云南	采取一切有效措施，降低碳排放强度，控制温室气体排放，增加森林和生态系统碳汇，积极参与全国碳排放交易市场建设，科学谋划碳排放达峰和碳中和行动。	加快国家大型水电基地建设，推进800万千瓦风电和300万千瓦光伏项目建设，培育氢能和储能产业，发展“风光水储”一体化，可再生能源装机达到9500万千瓦左右，完成发电量4050亿千瓦时。	降低排放	清洁能源
6	贵州	积极应对气候变化，制定贵州省2030年碳排放达峰行动方案，降低碳排放强度，推动能源、工业、建筑、交通等领域低碳化。	规范发展新能源汽车，培育发展智能网联汽车产业。公共领域新增或更新车辆新能源汽车比例不低于80%，加强充电桩建设。	产业转型	新能源车

续表

7	广西	持续推进产业体系、能源体系和消费领域低碳转型，制定二氧化碳排达峰行动方案。推进低碳城市、低碳社区、低碳园区、低碳企业等试点建设，打造北部湾海上风电基地，实施沿海清洁能源工程。	推动传统产业生态化绿色化改造，打造绿色工厂 20 个以上，加快六大高耗能行业节能技改。规划建设智慧综合能源站。	产业转型	绿色工厂
8	江西	严格落实国家节能减排约束性指标，制定实施全省 2030 年前碳排放达峰行动计划，鼓励重点领域、重点城市碳排放尽早达峰。坚持“适度超前、内优外引、以电为主、多能互补”的原则，加快构建安全、高效、清洁、低碳的现代能源体系。积极稳妥发展光伏、风电、生物质能等新能源，力争装机达到 1900 万千瓦以上。	加快充电桩、换电站等建设，促进新能源汽车消费。建成大唐新余电厂二期、南昌至长沙特高压交流工程、奉新抽水蓄能电站。	减排与新能源发展	新能源车
9	江苏	大力发展绿色产业，加快推动能源革命，促进生产生活方式绿色低碳转型，力争提前实现碳达峰，充分展现美丽江苏建设的自然生态之美、城乡宜居之美、水韵人文之美、绿色发展之美。	制定实施二氧化碳排放达峰及“十四五”行动方案，加快产业结构、能源结构、运输结构和农业投入结构调整，扎实推进清洁生产，发展壮大绿色产业，加强节能改造管理，完善能源消费“双控”制度，提升生态系统碳汇能力，严格控制新上高耗能、高排放项目，加快形成绿色生产生活方式，促进绿色低碳循环发展。	绿色经济	能源转型

续表

10	浙江	推动绿色循环低碳发展，坚决落实碳达峰、碳中和要求，实施碳达峰行动，大力倡导绿色低碳生产生活方式，推动形成全民自觉，非化石能源占一次能源比重提高到 24%，煤电装机占比下降到 42%。	启动实施碳达峰行动。编制碳达峰行动方案，开展低碳工业园区建设和“零碳”体系试点。大力调整能源结构、产业结构、运输结构，大力发展新能源，优化电力、天然气价格市场化机制，落实能源“双控”制度，非化石能源占一次能源比重提高到 20.8%，煤电装机占比下降 2 个百分点；加快淘汰落后和过剩产能，腾出用能空间 180 万吨标煤。加快推进碳排放权交易试点。	绿色经济	能源转型
11	安徽	强化能源消费总量和强度“双控”制度，提高非化石能源比重，为 2030 年前碳排放达峰赢得主动。	制定实施碳排放、碳达峰行动方案。严控高耗能产业规模和项目数量。推进“外电入皖”，全年受进区外电 260 亿千瓦时以上。推广应用节能新技术、新设备，完成电能替代 60 亿千瓦时。推进绿色储能基地建设。建设天然气主干管道 160 公里，天然气消费量扩大到 65 亿立方米。扩大光伏、风能、生物质能等可再生能源应用，新增可再生能源发电装机 100 万千瓦以上。提升生态系统碳汇能力，完成造林 140 万亩。	能源转型	能源转型清洁能源

续表

12	河北	制定实施碳达峰、碳中和中长期规划，支持有条件市县率先达峰。开展大规模国土绿化行动，推进自然保护地体系建设，打造塞罕坝生态文明建设示范区。强化资源高效利用，建立健全自然资源资产产权制度和生态产品价值实现机制。	推动碳达峰、碳中和。制定省碳达峰行动方案，完善能源消费总量和强度“双控”制度，提升生态系统碳汇能力，推进碳汇交易，加快无煤区建设，实施重点行业低碳化改造，加快发展清洁能源，光电、风电等可再生能源新增装机600万千瓦以上，单位GDP二氧化碳排放下降4.2%。	生态价值	计划清洁能源
13	内蒙古	建设国家重要能源和战略资源基地、农畜产品生产基地，打造我国向北开放重要桥头堡，走出一条符合战略定位、体现内蒙古特色，以生态优先、绿色发展为导向的高质量发展新路子。	做好碳达峰、碳中和工作，编制自治区碳达峰行动方案，协同推进节能减污降碳。做优做强现代能源经济，推进煤炭安全高效开采和清洁高效利用，高标准建设鄂尔多斯国家现代煤化工产业示范区。	绿色高质量发展	能源转型清洁能源
14	青海	碳达峰目标、路径基本建立。开展绿色能源革命，发展光伏、风电、光热、地热等新能源，打造具有规模优势、效率优势、市场优势的重要支柱产业，建成国家重要的新型能源产业基地。	着力推进国家清洁能源示范省建设，重启玛尔挡水电站建设，改扩建拉西瓦、李家峡水电站，启动黄河梯级电站大型储能项目可行性研究。继续扩大海南、海西可再生能源基地规模，推进青豫直流二期落地，加快第二条青电外送通道前期工作。	清洁能源	清洁能源
15	宁夏	制定碳排放达峰行动方案，推动实现减污降碳协同效应。全链条布局清洁能源产业。坚持园区化、规模化发展方向，围绕风能、光能、氢能等新能源产业，高标准建设新能源综合示范区。到2025年，全区新能源电力装机力争达到4000万千瓦。	实行能源总量和强度“双控”，推广清洁生产和循环经济，推进煤炭减量替代，加大新能源开发利用。	清洁能源	清洁能源

续表

16	西藏	加快清洁能源规模化开发，形成以清洁能源为主、油气和其他新能源互补的综合能源体系。加快推进“光伏+储能”研究和试点，大力推动“水风光互补”，推动清洁能源开发利用和电气化走在全国前列，2025年建成国家清洁可再生能源利用示范区。	能源产业投资完成235亿元，力争建成和在建电力装机1300万千瓦以上。推进金沙江上游、澜沧江上游千万千瓦级水光互补清洁能源基地建设。加快统一电网规划建设，推进藏中电网500千伏回路、金沙江上游电力外送、川藏铁路建设电力保障、青藏联网二回路电网工程，实现电力外送超过20亿千瓦时。全力加快雅鲁藏布江下游水电开发前期工作，力争尽快开工建设。	清洁能源	清洁能源
17	新疆	力争到“十四五”末，全区可再生能源装机规模达到8240万千瓦，建成全国重要的清洁能源基地。立足新疆能源实际，积极谋划和推动碳达峰、碳中和工作，推动绿色低碳发展。	着力完善各等级电压网架，加快750千伏输变电工程建设，推进“疆电外送”第三通道建设，推进阜康120万千瓦、哈密120万千瓦抽水蓄能电站建设，推进农村电网改造升级，提高供电可靠性。	清洁能源	清洁能源
18	山西	绿色能源供应体系基本形成，能源优势特别是电价优势进一步转化为比较优势、竞争优势。	实施碳达峰、碳中和山西行动。把开展碳达峰作为深化能源革命综合改革试点的牵引举措，研究制定行动方案。	清洁能源	能源转型
19	辽宁	围绕绿色生态，单位地区生产总值能耗、二氧化碳排放达到国家要求。围绕安全保障，提出能源综合生产能力达到6133万吨标准煤。	开展碳排放、碳达峰行动。科学编制并实施碳排放、碳达峰行动方案，大力发展风电、光伏等可再生能源，支持氢能规模化应用和装备发展。建设碳交易市场，推进碳排放权市场化交易。	能源转型	计划

续表

20	吉林	巩固绿色发展优势，加强生态环境治理，加快建设美丽吉林。	启动二氧化碳排放达峰行动，加强重点行业和重要领域绿色化改造，全面构建绿色能源、绿色制造体系，建设绿色工厂、绿色工业园区，加快煤改气、煤改电、煤改生物质，促进生产生活方式绿色转型。	绿色经济	产业转型
21	黑龙江	要推动创新驱动发展实现新突破，争当共和国攻破更多“卡脖子”技术的开拓者。	落实碳达峰要求。因地制宜实施煤改气、煤改电等清洁供暖项目，优化风电、光伏发电布局。建立水资源刚性约束制度。	技术创新	能源转型清洁能源
22	福建	制定实施碳达峰行动方案；严管优服支撑绿色低碳发展；持续推进产业结构转型升级；建设清洁低碳现代能源体系；推进交通运输绿色低碳发展。	创新碳交易市场机制，大力发展碳汇金融。开发绿色能源，完善绿色制造体系，加快建设绿色产业示范基地，实施绿色建筑创建行动。促进绿色低碳发展。制定实施二氧化碳排放达峰行动方案，支持厦门、南平等地率先达峰，推进低碳城市、低碳园区、低碳社区试点。	能源转型	产业转型碳交易市场
23	山东	打造山东半岛“氢动走廊”，大力发展绿色建筑。降低碳排放强度，制定碳达峰碳中和实施方案。	加快建设日照港岚山港区30万吨级原油码头三期工程。抓好沂蒙、文登、潍坊、泰安二期抽水蓄能电站建设。压减一批焦化产能。严格执行煤炭消费减量替代办法，深化单位能耗产出效益综合评价结果运用，倒逼能耗产出效益低的企业整合出清。推进青岛中德氢能产业园等建设。	清洁能源	能源转型

续表

24	河南	构建低碳高效的能源支撑体系，实施电力“网源储”优化、煤炭稳产增储、油气保障能力提升、新能源提质工程，增强多元外引能力，优化省内能源结构。持续降低碳排放强度，煤炭占能源消费总量比重降低5个百分点左右。	大力推进节能降碳。制定碳排放、碳达峰行动方案，探索用能预算管理和区域能评，完善能源消费“双控”制度，建立健全用能权、碳排放权等初始分配和市场化交易机制。	能源转型	计划
25	湖北	推进“一主引领、两翼驱动、全域协同”区域发展布局，加快构建战略性新兴产业引领、先进制造业主导、现代服务业驱动的现代产业体系，建设数字湖北，着力打造国内大循环重要节点和国内国际双循环战略链接。	研究制定省碳达峰方案，开展近零碳排放示范区建设。加快建设全国碳排放权注册登记结算系统。大力发展循环经济、低碳经济，培育壮大节能环保、清洁能源产业。推进绿色建筑、绿色工厂、绿色产品、绿色园区、绿色供应链建设。加强先进适用绿色技术和装备研发制造、产业化及示范应用。	产业转型	计划
26	湖南	落实国家碳排放、碳达峰行动方案，调整优化产业结构和能源结构，构建绿色低碳循环发展的经济体系，促进经济社会发展全面绿色转型。加快构建产权清晰、多元参与、激励约束并重的生态文明制度体系。	加快推动绿色低碳发展。发展环境治理和绿色制造产业，推进钢铁、建材、电镀、石化、造纸等重点行业绿色转型，大力发展装配式建筑、绿色建筑。支持探索“零碳”示范创建。	绿色经济	产业转型
27	广东	打造规则衔接示范地、高端要素集聚地、科技产业创新策源地、内外循环链接地、安全发展支撑地，率先探索有利于形成新发展格局的有效路径。	落实国家碳达峰、碳中和部署要求，分区域分行业推动碳排放、碳达峰，深化碳交易试点。加快调整优化能源结构，大力发展天然气、风能、太阳能、核能等清洁能源，提升天然气在一次能源中占比。研究建立用能预算管理制度，严控新上高耗能项目。	绿色高质量发展	能源转型

续表

28	海南	提升清洁能源、节能环保、高端食品加工等三个优势产业。清洁能源装机比重达80%左右，可再生能源发电装机新增400万千瓦。清洁能源汽车保有量占比和车桩比达到全国领先。	研究制定碳排放、碳达峰行动方案。清洁能源装机比重提升至70%，实现分布式电源发电量全额消纳。	产业转型	计划
29	四川	单位地区生产总值能源消耗、二氧化碳排放降幅完成国家下达目标任务，大气、水体等质量明显好转，森林覆盖率持续提升；粮食综合生产能力保持稳定，能源综合生产能力显著增强，发展安全保障更加有力。	制定二氧化碳排放、碳达峰行动方案，推动用能权、碳排放权交易。持续推进能源消耗和总量强度“双控”，实施电能替代工程和重点节能工程。倡导绿色生活方式，推行“光盘行动”，建设节约型社会，创建节约型机关。	绿色高质量发展	计划
30	陕西	生态环境质量持续好转，生产生活方式绿色转型成效显著，三秦大地山更绿、水更清、天更蓝。	推动绿色低碳发展。加快实施“三线一单”生态环境分区管控，积极创建国家生态文明试验区。开展碳达峰、碳中和研究，编制省级达峰行动方案。积极推行清洁生产，大力发展节能环保产业，深入实施能源消耗总量和强度“双控”行动，推进碳排放权市场化交易。	绿色高质量发展	生态文明示范区
31	甘肃	用好碳达峰、碳中和机遇，推进能源革命，加快绿色综合能源基地建设，打造国家重要的现代能源综合生产基地、储备基地、输出基地和战略通道。坚持把生态产业作为转方式、调结构的主要抓手，推动产业生态化、生态产业化，促进生态价值向经济价值转化增值，加快发展绿色金融，全面提高绿色低碳发展水平。	编制省碳排放达峰行动方案。鼓励甘南开发碳汇项目，积极参与全国碳市场交易。健全完善全省环境权益交易平台。	能源转型清洁能源	计划

（四）地方能源转型的阶段性压力

作为我国实现碳达峰碳中和的起步阶段，“十四五”时期，地方政府要面临本地能源、产业转型的加速转型的巨大压力，同时也有调整能源结构，积极发展清洁能源等能源转型的要求。目前地方“十四五”时期发展的约束性指标几乎完全集中于“双碳”领域，发展指标也将因此出现指向性转变，地方能耗总量与能耗强度成为重要的考核内容。如2021年国家发展和改革委按季度发布全国各省（直辖市、自治区）的能耗总量与强度（增速）双控政策执行情况排名《2021年上半年各地区能耗双控目标完成情况晴雨表》，直接指出改进意见，进一步加速了区域能源管控和转型力度。

在此背景下，新一轮的区域竞争也已在“双碳”领域展开：一是在节能降耗方面的进度加速。如在《上海市2021年节能减排和应对气候变化重点工作安排》，上海要求2021年单位GDP能耗与二氧化碳排放量分别下降1.5%左右，在《广东省2021年能耗双控工作方案》中，广东要求2021年单位GDP能耗下降3.08%。目前有80多个低碳试点省市研究提出达峰目标，北京、深圳、杭州、上海、广州、成都、苏州、青岛、武汉、天津等城市表态积极，其中提出在2025年前达峰的有42个。二是引导产业升级转型，提升能耗使用效率。按照“到2025年，单位国内生产总值能源消耗比2020年下降13.5%，单位国内生产总值二氧化碳排放比2020年下降18%”的要求，高耗能产业需加快技改节奏，提高产值，地方需培育引入能耗更少、附加价值更高的新产业。三是“全国一盘棋”，地方因地制宜探索适宜的发展模式。《2030年前碳达峰行动方案》中明确提出，“各省、自治区、直辖市人民政府要按照国家总体部署，结合本地区资源环境禀赋、产业布局、发展阶段等，坚持‘全国一盘棋’，不抢跑，科学制定本地区碳达峰行动方案”。

（五）地方实现碳达峰碳中和四大挑战

在实现碳达峰碳中和的背景下，地方尽管明确了碳达峰、碳中和目标，也明确了能源转型、产业升级等发展重点方向，但是在实施计划的过程中，还面临四个方面的挑战：

1. 如何掌握各主体能耗与碳排数据

要实现碳达峰、碳中和的目标，必须要解决科学计量的问题。目前我国产业结构和能源结构不便于数据统计，主要面临高速发展、能源结构、排放主体三个方面的问题。首先，中国早在2006年碳排放总量就已经超过美国成为全球第一，未来还将持续以较高速度发展，也许考虑发展模式转型的影响。其次，中国工业、制造业门类齐全，燃煤、钢铁、电力、化工企业项目多，且分布零散，燃料类型多，品质有差异，规模和生产方式等对碳排放影响较大，测算复杂。再次，全面的能耗和排放的计算必须覆盖微观主体、企业组织等生产生活中的各类排放，进而得到区域总量。在一套体系中按照现有规则标准、国际组织、《京都议定书》中的清洁发展机制（CDM）、WRI和WBCSD制定的“项目核算GHG协议”以及国际标准组织（ISO）发布的国际温室气体排放核算验证标准——ISO14064，实现对个人“碳足迹”、企业碳排放、项目的排放以及分布式和集中式的清洁能源体系作用的分析。以上计量需要全国汇总的平台，但更需要建立底层计算逻辑相通的、针对区域特点的本地计量平台。

2. 如何合理制定碳达峰碳中和目标并灵活推进

实现碳达峰、碳中和是一场广泛而深刻的经济社会系统性变革，既要通过“攻坚战”完成短期行动任务，又要立足打“持久战”来实现远期目标。长期要通过经济发展方式转变、产业和能源结构转型促进经济社会系统性变革；通过完善制度体系建立全社会低碳发展的长效机制；通过低碳环境教育普及塑造全社会低碳意识和低碳行为。短期要加速实现减碳与节能、控污有效协同。目前我国碳达峰、碳中和整体工作思路已经明确，2030达峰方案也已经明确，制定实施分地区、分行业的行动方案迫在眉睫。在充分考虑到区域差异、产业结构特点，制定好计划后，还应该不断通过实时的数据反馈，调整实施措施，不断推进目标的实现。尤其是在实施过程中，通过及时预警、反馈分析等，让政府发挥“掌舵领航”作用，并通过数据的分析管理，结合创新市场机制，让各市场主体在低碳发展中形成“众人划桨”的合力，构建“城市—社区—园区—建筑—产品”等多层级的低碳标准体系。

3. 如何获取“双碳”项目的资金需求

中国气候变化事务特使解振华部长表示，中国是发展中国家，要实现碳中和、碳达峰需要付出艰巨努力。碳达峰碳中和的实现，需要生产生活方式的巨大转变。据相关部门测算，这一过程至少需要百万亿资金投入。2021年7月30日，财政部副部长朱忠明在国新办发布会回复记者，“如果我们实现中国碳中和目标，大体上需要136万亿人民币投入”。2021年9月16日，清华五道口“碳中和经济”论坛上，清华大学五道口金融学院院长张晓慧表示，我国实现“双碳”战略所需投资大约在150万亿到300万亿元人民币，这意味着未来我国每年将在“双碳”领域平均投资3.75万亿—7.5万亿元人民币，大约相当于全年投资的10%左右。

欧美发达国家的经验数据显示，绿色金融对碳中和的资金支持比例将达到90%。商业银行可以发放绿色贷款、绿色理财产品；券商和投行可承销绿色债券或IPO项目、践行ESG责任投资、设立“碳中和”或低碳技术主题的ETF、基金或开发碳金融相关的投资产品、参与碳排放权市场的交易活动；资产管理公司可通过积极股东策略，推动合作企业的 ESG 改善实践。

其次是碳市场的建设，路孚特（Refinitiv）公司的可持续基础设施投资报告中显示：2020 年全球碳市场总成交量约为 2300 亿欧元，其中欧盟占比接近 90%，中国占比小。2011 年 10 月在北京、天津、上海、重庆、广东、湖北、深圳 7 省市启动了碳排放权交易地方试点工作，并从 2013 年 6 月陆续开始上线交易。经过多年发展取得了积极进展，几个试点市场覆盖了电力、钢铁、水泥 20 多个行业近 3000 家重点排放单位。自 7 月 16 日启动至 12 月 31 日，全国碳市场共运行 114 个交易日试点省市碳市场配额现货累计成交量 1.79 亿吨二氧化碳当量，累计成交额约 76.61 亿元，交易均价约为 43.85 元 / 吨；中国核证自愿减排量（China Certified Emission Reduction，CCER）累计交易量约 2.68 亿吨。中国生态环境部新闻发言人刘友宾表示：中国碳市场覆盖排放量超过 40 亿吨，在不断完善的碳市场机制下，我国将成为全球覆盖温室气体排放量规模最大的碳市场。

4. 有效推动生活方式向低碳转变

碳达峰、碳中和与人们的日常生活息息相关，据中国科学院日前发布的相关研究报告显示，居民消费产生的碳排放量占全社会碳排放总量的 53%。减排需要社会公众形成合力，随手关灯、垃圾分类、绿色出行等行为转变汇聚在一起。但实际操作过程中，如何实现有效可触达，改变公众认知，精准获取公众的“双碳”行为，实现精准激励，从减排知识与绿色生活方式的宣导到绿色行为的记录与激励，实现公众侧的精准运营，实现更大范围的减排，并能够精准计量，引入全社会碳中和大目标中，都是我们需要解决的问题。

综上分析，要实现区域的“双碳”发展目标，至少要解决四个方面的问题：一是要结合区域特色，实现覆盖从个体到企业组织项目的碳排放精准计量；二是要实现面向目标的区域实时碳排放情况监测，并灵活调整措施，不断向目标前进；三是要完善区域绿色金融和碳市场的建设，实施政策引导更多企业参与碳交易活动；四是要实现对辖区公众减碳绿色行为转变的激励，推广绿色生活模式，实现全民减排，参与碳中和。

二、加快碳中和进程，筑牢能源安全基石

改革开放以来，中国能源事业取得了巨大成就。目前，中国已经是世界上最大的能源生产国，形成了煤炭、石油、天然气以及新能源、可再生能源多元化的能源供应体系，为实现清洁、高效、可持续发展提供了重要的保障。虽然能源事业有了长足发展，但是仍面临着诸多挑战。我国正处于工业化、城镇化加快，向全面建设社会主义现代化国家迈进的时期，能源需求量大，并会持续较快地增加，这对能源供给造成极大压力，供求矛盾将长期存在，石油天然气的进口依赖将进一步提高。我国资源人均拥有量低，且资源地区分布不均衡，大规模、长距离运输也在一定程度上影响了能源工业的发展。为减少对能源资源的过度消耗，实现经济、社会、生态全面协调可持续发展，中国将通过数字化手段不断加大节能减排力度，努力提高能源利用效率。中国将以科学发展观为指导，切实转变发展方式，着力建设资源节约型、环境友好型社会，依靠能源科技创新和体制创新，全面提升能源效率，大力发展新能源和可再生能源，推动化石能源的清洁高效开发利用，为世界经济发展作出更大贡献。稳定的能源供应链是保证国民日常生产生活的重要前提，是保证经济平稳运行的先决条件。作为世界第一大能源生产国，中国主要依靠自身力量发展能源，能源自给率始终保

持在90%左右。中国能源的发展，不仅保障了国内经济社会发展，也对维护世界能源安全作出了重大贡献。

（一）能源安全关乎国家发展和社会长治久安

2020年的新冠肺炎疫情对世界经济造成了严重冲击，大规模的疫情爆发对多个行业的影响是链式网络效应，一损俱损并不是危言耸听。突发情况下，安全可靠的能源行业和企业的供应链网络尤为重要。在“以国内循环为主体、国内国际双循环相互促进”的新发展格局下，能源行业整体发展形势企稳向好，但同时“3060”碳减排目标对能源转型又提出了新的挑战。因此，必须重视不同周期内的能源安全问题，要以国民经济社会可持续发展为前提，传统能源逐步退出要建立在新能源安全可靠的替代基础上。

能源安全，意指在经济社会发展的某一时期或特定阶段内，一个国家或地区能够在保持能源价格的可接受性、发展的可持续性和国家政治的稳定性前提下，保障能源的持续、充裕、及时地满足国民经济和社会发展需要的一种状态。能源安全关乎国民经济平稳运行以及社会的可持续发展，抓住能源就抓住了国家发展和安全战略的“牛鼻子”。面对2030年碳达峰2060年碳中和的目标，能源转型势在必行，时间紧任务重，作为世界能源消费第一大国，如何短时间内在保障国家能源安全的基础上，加快完成转型，保证国家经济社会发展是现阶段能源发展的首要问题。能源安全是关系国家经济社会发展的全局性、战略性问题，对国家繁荣发展、人民生活改善、社会长治久安至关重要。国家关于能源安全的战略政策体现了维护国家安全发展的忧患意识和坚定意志，指明了新形势下保障我国能源安全的必由之路。

（二）能源革命彰显国家能源安全的战略眼光

近年来，中国政府出台了一系列节能减排和环境保护的政策，使得煤炭消费在中国能源结构中比重逐年下降，天然气等清洁能源的消费占比逐步提升。2021 年中国能源大数据报告显示：2016–2020 年，原煤占中国能源消费总量的比重由 62% 逐年下降至 56.8%，而天然气占中国能源消费总量的比重则由 6.4% 逐年上升至 8.4%，体现出中国能源结构持续优化的趋势。2016 年 12 月，国家发改委发布《天然气发展“十三五”规划》强调“十三五”规划中天然气在一次能源消费结构中占比的提升，确立了天然气在现代能源体系中的主体地位。2016 年 12 月，国家发改委和国家能源局在《能源生产和消费革命战略（2016–2030）》中指出，到 2020 年，全面启动能源革命体系布局，推动化石能源清洁化，根本扭转能源消费粗放增长方式，实施政策导向与约束并重。2020 年 4 月，国家发改委《关于加快推进天然气储备能力的建设意见》中通过优化规划建设布局、建立健全运营模式、深化体制机制改革、加大政策支持力度等措施，加快天然气储备基础设施建设，进一步提升天然气储备能力。2021 年 4 月 22 日，国家能源局官网发布消息，为扎实做好 2021 年能源工作，持续推动能源高质量发展，国家能源局研究制定了《2021 年能源工作指导意见》。意见明确了 2021 年的主要预期目标，煤炭消费比重下降到 56% 以下，单位国内生产总值能耗降低 3% 左右，聚焦能源新模式新业态发展需要，新设一批能源科技创新平台。2021 年是“十四五”的开局之年，全面建设社会主义现代化强国也踏入新的征程，国际形势波谲云诡，能源安全受到的威胁也不容忽视。

能源革命与数字革命的高度融合将会进一步推动能源产业的高质量发展，数字化在能源领域的应用将成为国际竞争的新焦点，是引领未来的战略性战术。各国纷纷挤入数字能源体系的行列，加快推进使用大数据、云计算、人工智能等数字化技术，积极探索能源数字化转型的新行径。在数据管理政策方面，中国具有明显的优势，数据开放和应用场景都是得到大力支持的，作为正在崛起的东方雄狮，中国理应在能源和数字化改革中扮演更重要的引领者的角色，来来也一定能为世界提供科学、全面的参考。

（三）开拓中国特色能源发展新前景

“创新、协调、绿色、开放、共享”的发展理念是习近平总书记领导发展实践的科学总结，每一个方面都体现着他关于能源安全的思考。只有创新才能获得先发优势，在能源的开发和高效利用方面有一席之地；解决能源紧张与产业结构调整要相结合，产业结构要与经济和能源发展相协调；能源产业的绿色发展必将是一个要长期坚持的原则，企业要带头打造循环经济、清洁生产、生态环保型产业，践行绿色发展之路；闭门造车只会限制发展，积极寻找战略伙伴，在开放的浪潮中抓住机遇才是正确选择；能源的发展成果与人民共享，保障群众日常生活能源需求，提高人民生活质量。企业之间针对难点问题相互交流，促进共同进步。完善数字能源体系，对于未开发的资源能源，制定科学勘探方案，为精准找油找气提供理论基础。加强现有能源统计效率，随时做好存量资源优化管理。对于氢能清洁能源与数字化融合发展的新兴领域，增设若干创新平台，保障使用安全性。推进能源产业数字化智能化升级，积极开展煤矿、油气田、管网、电网、电厂等领域智能化建设，能源产业数字化将成为衡量碳中和成果的有力工具。基于这样的思考与实践，习近平总书记提出能源安全新战略，以数字技术革命带动能源产业创新，以消费革命实现产业结构与节能相协调，以供给革命构建绿色多元能源供给体系，以国际合作扩大开放加强能源交流，以体制革命扫除制度藩篱实现能源改革成果共享。在一系列探索和实践的过程中，找到能源发展的难点、重点，逐渐形成具有中国特色、符合中国国情的能源发展战略。

实现碳中和任务艰巨，是一项系统工程，必须全面发力。要在全产业链每一个环节，进一步加大节能减排力度，推动油气行业绿色发展。可再生能源的需求量也必然会大幅增长，保证稳定持续的供应是未来要攻克的难题。能源安全不仅仅是一个国家的重点问题，更是全球关注的焦点，能源安全保障需要各国合作，共同努力，没有哪一个国家是孤立存在的。中国能源发展取得的成就，与世界各国友好合作密不可分。未来，中国践行的数字化能源发展更需要国际社会的理解和支持。中国过去不曾、现在没有、将来也不会对世界能源安全构成威胁。探索和实践都是为了更加可持续的发展。

三、实现碳中和目标，呼唤新金融

在气候变化这一全球性问题日益严峻的背景下，各国纷纷以全球协约的方式减排温室气体。但世界各国要实现《巴黎协定》设定的目标的时间也是十分紧迫的。如果各国政府不能对升温幅度稳定在 1.5 摄氏度及以下的目标作出迅速反应，不仅全球变暖的速度将会加快，许多自然系统也将跨越危险临界点，造成不可逆转的损失。作为全球最大的温室气体排放国之一，中国在全球气候治理中扮演着至关重要的角色。值得自豪的是，中国领导人对此作出正面且积极的回应，认真迎接挑战。实现碳达峰、碳中和目标，意味着我国在产业结构、能源结构、投资结构、生活方式等方方面面都将发生深刻转变。“十四五”

规划和2035年远景目标纲要为我国经济社会高质量发展勾画了光明前景。新时代下，为满足经济高质量发展和国家治理现代化的新要求，金融工作也应该适时调整，提高站位、找准定位，在新时代干出新作为。新发展孕育新金融，新金融催生新理念，新理念引领新实践，新金融是顺应新时代经济社会发展的有益探索。集成整合碳中和与新金融的双重优势，要拿出抓铁有痕的劲头，明确时间表、路线图、施工图，从而如期实现2030年前碳达峰、2060年前碳中和的目标。节能、低碳发展之路上，一定离不开科技赋能金融、金融赋能社会的良性循环和健康生态。

（一）新金融融智赋能，势不可挡

改革开放是中国经济蓬勃发展的机遇期，金融业也因此乘上了经济红利的快车。传统的金融体系为经济发展做出了积极贡献，虽然过去两者彼此适应、相互协调，但进入经济的高质量发展阶段，传统金融的弊端也日渐突出。加之党的十九届五中全会通过的《中共中央关于制定国民经济和社会发展第十四个五年规划和二〇三五年远景目标的建议》提出“加快构建一国内大循环为主体，国内国际双循环相互促进的新发展格局”这一经济现代化路径的新选择，建立新的金融体系，克服传统金融理念层面的不适应、能力层面的不匹配势在必行。需求和形势的变化促进了金融行业的革新，新金融是以数据为关键生产要素、以科技为核心生产工具、以平台生态为主要生产方式的现代金融供给服务体系。顺应新发展理念和经济新常态而生的新金融不是对传统金融的否定，而且深入金融的本质，思考金融的内涵，找出传统金融的缺陷，有效实现传统金融无法满足的新功能。新金融是在传统金融的基础上添砖加瓦，保留旧金融的优势领域，突出发挥新功能，固有优势与新优势优化组合，更深层、更充分地回应社会的金融服务需求和民生关切。

传统金融时代，电子化解放了双手，网络的相互连通让服务不受时间和空间的限制，科技带来的是生产工具的变革和生产力的提升。金融科技的发展和应用使金融的普惠和共享真正得以实现。新金融的三大属性有数据、科技和平台生态，科技属性无疑是最有竞争力的属性，是新金融立足于新时期发展浪潮中的制胜法宝。科技赋能，从源头上为解决“卡脖子”问题找到支撑，并能以高水平的自立自强提高新金融在经济体系中的地位。其次，掌握数据会对经济形势发展具有较强的敏感性，不仅能使企业跟随瞬息万变的潮流而不断更新，而且还具有预测未来发展趋势的能力。挖掘数据之间的内在联系和规律能帮助我们发现过去发现不了的缺陷和漏洞，从而制定科学的发展战略。通过科技运用和数据能力的提高使得金融普惠成为可能，消除了资源壁垒，降低了准入门槛，定制化和安全性更高的金融产品才能走进千家万户，让大众受益，最终实现资源优化配置和价值创造。

（二）绿色金融吸引资本，发挥能量源泉

人人参与的绿色金融是新金融的重要领域。实现碳中和需要大量的绿色、低碳投资，其中绝大部分需要通过金融体系动员社会资本来实现。中国投资协会和落基山研究所联合发布的《以实现碳中和为目标的投资机遇》估计，在碳中和愿景下，中国在可再生能源、能效、零碳技术和储能技术等七个领域需要投资 70 万亿元。《中国长期低碳发展战略与转型路径研究》报告提出了四种情景构想，其中实现 1.5℃目标导向转型路径，需累计新增投资约 138 万亿元人民币，超过每年国内生产总值（GDP）的 2.5%。中国人民银行预计，2030 年前，中国碳减排需每年投入 2.2 万亿元；2030–2060 年，需每年投入 3.9 万亿元。清华大学《重庆碳中和目标和绿色金融路线图》课题报告估算，如果重庆市（GDP 规模占全国比重约 1/40）要在未来三十年内实现碳中和，累计需要低碳投资（不包括与减排无关的环保类等绿色投资）超过 8 万亿元。由此可见，实现碳中和的远景目标必须得有稳定雄厚的资金作为支持，仅靠政府投资是远远不够的，金融体系的融资才是资金供给的主力军，因此为绿色金融提供了快速成长的机遇。

市场主体的某个行为可能与实体经济的碳排放有关，金融在发挥市场资源配置功能时引导市场主体选择低碳、零碳、负碳的行为或活动，是服务好碳达峰、碳中和的战略部署。为绿色低碳项目的投资开辟更宽阔的道路，满足新增的融资需求，是进一步实现金融资源增量绿色低碳化的强大推动力。在配合实体经济的绿色低碳转型过程中，挖掘金融自身的低碳潜力，进而建成并完善成与绿色低碳发展相适应的现代金融体系是必然要求。央行召开明确提出“落实碳达峰碳中和重大决策部署,完善绿色金融政策框架和激励机制”。为响应碳中和目标，在债券市场，2021 年 2 月 9 日，交易商协会在人民银行的指导下，积极践行绿色发展理念，在绿色债务融资工具项下创新推出碳中和债，募集资金专项用于具有碳减排效益的绿色项目。随着云计算、大数据、人工智能、物联网、5G 等新科技在金融行业的融入，金融服务也越来越智能化和亲民化，绿色金融也为碳中和目标的实现制定了发展规划、部署了区域布局,绿色金融标准、信息披露、绿色低碳投资的激励机制等逐渐规范，一系列的举措既体现了金融行业的积极配合，又彰显了实践发展的新要求，为新金融注入了长期性、稳定性的发展动力。

新金融已成为当代金融的最重要特征，新技术在不断重塑新金融的未来，金融机构也在不断找寻新的功能和属性。结合国家的战略、社会的立场、市场的需求，新金融的走向将会是绿色化、智能化、普惠化。尽管理论尚未完善、实践有待探索，发展结果没有标准答案作为参照，但为适应绿色发展而作出的及时改变，是值得推崇的。把追求低碳和人们对美好生活的需要有机结合，提高资源配置的有效性和匹配性，这将为金融行业的全面升级提供新的发展契机。

四、发挥科技优势，共建碳中和新乡村

民族要复兴，乡村必振兴。农业、农村、农民问题是关系国计民生的根本性问题，必须始终把解决好“三农”问题作为全党工作重中之重。乡村振兴战略是以习近平同志为核心的党中央提出的重大战略，该战略要围绕“产业兴旺、生态宜居、乡风文明、治理有效、生活富裕”二十字实施乡村振兴战略的总要求。“十四五”时期，“三农”工作重心由脱贫攻坚向全面推进乡村振兴转移，但距离建设现代化农业体系还有很长的路要走。乡村振兴的深刻内涵也随着形势的变化在不断丰富，2020 年我国承诺力争 2030 年前碳达峰、努力争取 2060 年前碳中和，2021 年 3 月，习近平总书记在中央财经委员会第九次会议上提出，要将碳达峰、碳中和纳入我国生态文明建设的整体布局中，并对实现这一目标制定了一系列细化措施。在新旧动能转换和低碳经济背景下，积极使用数字化技术助力乡村振兴，对加快实现碳中和目标具有重要意义。

碳达峰碳中和的直接含义是约束限制碳排放，但本质却涉及能源转型和绿色发展等问题，与我国未来经济朝向高质量发展密切相关。各项低碳减排、能源转型、环保政策陆续出台，中国将立足国情，举

全党全国全社会之力，以更大的决心和目标，实施强有力的措施，推动可持续发展。

（一）巩固脱贫攻坚成果，全面实施乡村振兴战略

乡村振兴既要促进乡村经济发展，同时也要重视发展的全面性和高质量，建立智能化、以创新驱动的乡村经济增长方式可以有效促进乡村地区的碳减排，构建人与自然和谐共生、建立绿色农业，发展资源节约型、环境友好型经济是实现全面乡村振兴的有效途径。

碳达峰碳中和对乡村振兴提出新的约束，而数字技术是实现这一目标的重要手段，按照低碳约束的要求，运用数字技术能加快乡村振兴，实现乡村高质量振兴。我国力争在2030年前二氧化碳排放达到峰值，2060年前实现碳中和，明确的时间节点意味着乡村经济应该加快速度实现绿色低碳方式的转变。从生产和消费两个角度考虑，在生产端，乡村振兴过程中必须考虑碳排放强度和能量消耗的总量，在消费端，改善乡村居民生活方式，宣传低碳减排的有效措施，加强思想灌输，在日常生活中注重践行绿色生活方式，直接减少能源消耗和碳排放。乡村经济在传统意义上是小农经济，相对分散，实施智能化、数字化经济比较困难，而且还会消耗大量的公共资源。近年来，随着我国经济快速增长以及脱贫攻坚工作的全面推进，乡村地区的各项基础设施也得到了很大改善，交通、生活设施等都逐渐健全和完整。在此基础上可以实现大面积、广泛的集体乡村建设，然后建立完整的线上线下销售系统以及相应的物流体系，借助资源集约化实现碳中和目标。乡村地区的光伏和风力发电具有很大的开发潜能，这些能源不仅分布广泛，而且利用方便，甚至可以实现居民的自给自足，不仅可以节约运输成本，而且还能有效降低碳排放。

脱贫攻坚战是乡村振兴战略有效实施和推进的基石，2021 年 2 月 25 日，在全国脱贫攻坚总结表彰大会上，习近平总书记宣布我国脱贫攻坚战取得了全面胜利。这是中国共产党团结带领中国人民为创造美好生活进行的长期艰辛奋斗的结果，但成就已成历史，新的征程即将开启，乡村振兴将是下一阶段的新使命。在碳达峰碳中和目标下，乡村振兴是全面振兴，让广大农民在全面脱贫、乡村振兴中有更多获得感、幸福感、安全感，在低碳生活中享受更健康的绿色生活。

（二）落实碳达峰、碳中和工作，推动乡村振兴战略稳步推进

党的十八大以来，以习近平同志为核心的党中央把脱贫攻坚摆在治国理政的突出位置。“十三五”时期，我国全面贯彻落实新发展理念，推动更深层次的改革，脱贫攻坚成果显著。“十四五”时期是我国从全面建成小康社会的第一个百年目标向全面建设社会主义现代化国家的第二个百年目标进军的关键五年，具有承前启后的关键作用。在此期间，要坚持习近平生态文明思想，深入贯彻“绿水青山就是金山银山”的发展要求，通过保护生态环境为产业兴旺提供资源基础，通过合理开发生态资源为生活富裕提供资源保障，为全面实施乡村振兴提供资源和动力。

2021 年 4 月 20 日，第 22 届中国环博会各知名企业展出超 3 万种环境治理方案，其最新成果定义低碳时代环境产业发展新高度。乡村与城镇有很大差异，人居地相对分散，不具有管理集中、边界清晰的明显特征，不能生搬硬套地把城市污水处理方法强行应用到乡村。激活乡村现有的优势资源，并恰到好处的加以利用，才能把农村资源的活力充分释放出来。

农村地区的碳循环有很多途径，一是有机质资源化。有机废物处

理是生态环境保护的一个重要组成部分，处理得当并尽少量地产生新的污染物并不容易。目前，大部分地区都是通过外运到指定的场所进行统一处理，成本相对较高，而且运输过程中也会产生新的污染物排放。临安指南村将剩余污泥、餐厨垃圾、有机废弃物就地资源化，减少了外运产生的碳排放。二是碳汇林。美丽乡村推动了乡村旅游的蓬勃发展，各地也因地制宜发展旅游业作为乡村振兴的产业支撑点，但是众多乡村都依赖于一个产业，会造成同质化竞争过剩的现象，难免会有乡村在竞争中失去优势。因此，乡村振兴绝不仅仅是简单的旅游资源整合，而是要创新生态产品价值实现的体制机制，选择具有长久核心竞争力的独特资源，开发乡村碳汇产品，充分发挥产品实际价值，促进乡村经济发展，从而推动乡村振兴。

临安指南村与浙江农林大学开展合作，将村里1000多亩的竹林建设成为碳汇林，全面发展碳汇经济，增加村民收入，同时这些碳汇林预计每年可固碳500吨左右，这样通过经营而实现经济效益和环境保护双丰收的措施值得大力推广和宣传。指南村还将农村污水治理和林下经济相结合，充分利用现有资源种植中草药。指南村打造了一个中药种植示范基地百草园，其中包含了150多万种中草药，主要用于示范和科普。这个示范基地不仅能通过草药起到固碳的作用，而且还成为指南村旅游产业的一个特色风景。临安指南村通过机制、技术创新，将农村污水治理与乡村振兴各产业以及碳中和相融合，建立“生态、生产、生活”三生共融的生态微循环模式，探索“绿水青山就是金山银山”闭环，充分体现了碳中和与乡村振兴战略的紧密结合，以具体措施为乡村绿色生态发展提供了一个借鉴。单纯的农村治污可能会遇到资金和技术的瓶颈，但是在整体环境背景下，结合乡村环境的优势和独特资源，利用生物技术和乡村振兴各产业与碳中和相融合，可能会找到一种更具特色的解决方法。

新乡村需要新的能源供应模式。在业内看来，在“以新能源为主体的新型电力系统”中，光伏发电将成为未来能源资源的重要组成部分，光伏发电的开发将为碳中和目标的实现提供巨大的推动力。其中，分布式光伏实践中的模式创新，尤其是户用光伏与建筑等领域的结合，将逐渐成为市场主流。近期，国家能源局也在积极推进“整县（市、区）推进屋顶分布式光伏开发试点工作”，建设“零碳乡村”清洁能源综合示范，为农户提供就业机会并增加创收渠道。我国屋顶资源丰富且分布广泛，使用寿命较长，至少能满足光伏系统 25 年左右的生命周期要求，利用好屋顶资源不仅能节省空间，而且避免了大部分屋顶长期处于闲置状态。《中国光伏产业清洁生产研究报告》显示，光伏发电的二氧化碳排放为 33–50 克 / 度，而煤电为 796.7 克 / 度。光伏发电的二氧化碳排放量只是化石能源的十分之一到二十分之一，构建中国的“零碳乡村”是碳达峰碳中和目标下实现乡村振兴的必然结果，将直接影响中国能源革命实际进程和最终成效。我国已经形成了世界领先的完整光伏产业链，全球 70% 以上的光伏产品都是中国制造。光伏将成为当前及未来促进国内大循环、国内国际双循环的生力军。

《库布其碳中和与乡村振兴行动宣言》倡议，从库布齐沙漠出发，沿黄河流域经乌兰布和沙漠、腾格里沙漠启动种植治沙护河碳汇林，形成规模化的碳汇林带。该行动的成果将一举多得，不仅是在沙漠边缘筑起防风治沙的“绿色长城”，而且将是固碳最有效的途径，是在巩固脱贫攻坚成果的基础上对乡村振兴战略的又一发现，是引领乡村振兴发展的新思路。

如同把实施乡村振兴战略作为新时代“三农”工作总抓手，实现减污降碳协同增效被提高到了促进经济社会发展全面绿色转型的总抓手的高度。摒弃传统乡村焚烧垃圾、随意倾倒垃圾等陋习，努力实现治污全过程绿色低碳化。除大力发展新能源、加强“电能替代”外，利用生态环境自身的循环实现减碳固碳也是未来实现碳中和目标的新方向。放眼“十四五”，我国将继续走中国特色社会主义乡村振兴道路，全面实施乡村振兴战略，生态环境保护政策持续落地，乡村经济将迎来更为广阔的发展空间。

五、践行海洋负排放，发展海洋经济

近年来，由于二氧化碳等温室气体的排放，全球气候变化带来的影响越来越突出。气候问题是全球面临的极大挑战，中国也难逃这一困境，气候变暖已经是不争的事实，海平面上升、极端天气增多也从过去的“可能”变成了“现实”。作为全球第二大经济体，中国宣布要实现碳达峰、碳中和这一目标在全球绿色低碳转型过程中发挥举足轻重的作用，中国“3060”目标的提出也得到了能源行业的热烈响应和国际社会的普遍赞誉。陆地资源的紧张，迫使人类活动逐渐向海洋进军，进入 21 世纪以来，伴随中国经济发展和资源需求的增长，政府适时调整了海洋经济发展战略。海洋具有强大的发展空间，对全球未来经济都具有强大的推动力，也是全球经济增长的重要引擎。国家“十二五”规划将海洋经济提到了国家战略高度，推动海洋可持续发展，对于全人类的生存发展都至关重要。中国科学院青岛生物能源与过程研究所海洋生物与碳汇团队介绍，海洋是地球上最大的活跃碳库，其容量约是大气碳库的 50 倍、陆地碳库的 20 倍。海洋储存了全球约 93% 的二氧化碳，吸收了工业革命以来人类活动产生的 30% 的二氧化碳。鉴于海洋在固碳方面的巨大潜力，以及海洋生态系统对人类活动的重要意义，人们开始尝试探索这片神秘的世界，更深入地挖掘其经济价值。

（一）健康海洋，蓝色经济

海洋经济在我国国民经济中的地位逐渐上升，也成为一个发展的新亮点。海洋是潜力巨大的资源宝库，也是支撑未来发展的战略空间。然而，机遇也意味着挑战，经济发展过程中各种问题也逐渐显露出来，因此国家相继出台了相关政策为海洋经济产业保驾护航。2008年，国务院批准的《国家海洋事业发展规划纲要》是新中国成立以来首次发布的海洋领域总体规划，也是海洋事业发展的里程碑事件。为科学规划海洋经济发展，合理开发利用海洋资源，国家编制《全国海洋经济发展“十二五”规划》，作为“十二五”时期我国海洋经济发展的行动纲领。此后，国家不断升级政策，进一步为海洋经济营造良好的发展环境。2017年5月，国家发改委印发了《全国海洋经济发展“十三五”规划》，其中提出到2020年，形成陆海统筹、人海和谐的海洋发展新格局。2018年2月，《全国海洋生态环境保护规划（2017年–2020年）》确立了海洋生态文明制度体系基本完善、海洋生态环境质量稳中求好、海洋经济绿色发展水平有效提升等目标。2020年12月5日，《海洋经济蓝皮书：中国海洋经济发展报告（2019～2020）》辨析了我国海洋经济发展的现状、机理和趋势，指出为使我国传统海洋产业转为高质量发展，其中之一要加强海洋生态文明建设。可以看出，国家在重视经济发展的同时也不止一次地强调了生态保护的重要性，努力解决好经济与环境之间的矛盾，推动实现更高质量发展。

（二）降低运输碳排，还海洋一片纯净

海洋生态环境虽然具有一定的自我调节能力，但人类活动的破坏已经严重影响了其自我调节水平。国际航运公会《2020年度报告》表明：航运经济依然是全球经济的支柱，海运贸易量约占世界贸易总量的90%，但同时也是二氧化碳排放量的近3%。从长期发展趋势上看，海洋运输业务需求未来将增长强劲，而能源效率却逐渐缓慢提升。

国际海事组织2014年预测：到21世纪中叶，如果船只继续使用化石燃料，那么航运的温室气体排放将会继续增长50%–250%，最多可能占到世界温室气体总排放量的17%。这与“将本世纪全球平均气温上升幅度控制在2℃以内，并将全球气温上升控制在前工业化时期水平之上1.5℃以内”的《巴黎协定》的目标相违背。海洋运输减排迫在眉睫。航运产生的污染物不仅是二氧化碳等温室气体，废水排放、生活垃圾等严重威胁着海洋环境，进一步加剧海洋渔业资源衰退和海洋生物多样性下降。为了实现碳中和，欧盟开始了“蓝色思维”。在最新发布的《关于欧盟发展可持续蓝色经济新办法的政策文件》中，欧盟表示，要通过海洋运输的脱碳和绿化港口、开发离岸可再生能源，实现气候中和以及零污染的目标。全球各国海洋运输的首要行动应该同样也是化石能源的转型，包括浮式风力发电、热能、海浪和潮汐能在内的可持续海洋能源的组合，更高效和低碳的零碳燃料将减少运输中能源污染的排放。

（三）增加海洋碳汇，推动低碳经济

利用海洋活动及海洋生物吸收大气中的二氧化碳，并将其固定、储存在海洋的过程、活动和机制则被称为蓝碳。蓝碳的概念来源于2009年联合国环境规划署、联合国粮农组织、联合国教科文组织政

府间海洋学委员会联合发布的《蓝碳：健康海洋固碳作用的评估报告》，特指那些固定在红树林、盐沼和海草床等海洋生态系统中的碳。而这些能够固碳、储碳的滨海生态系统就是滨海蓝碳生态系统，它们中的代表——红树林、海草床和滨海盐沼并称三大滨海蓝碳生态系统，虽然这三类生态系统的覆盖面积不到海床的 0.5%，植物生物量只占陆地植物生物量的 0.05%，但其碳储量却高达海洋碳储量的 50% 以上，甚至可能高达 71%。小小的生物群体却隐藏着巨大的固碳能量，保护海洋生态环境，提升生态碳汇能力和生态系统碳汇增量，愈发举足轻重。发展蓝碳经济，大力保护和修复滨海蓝碳生态系统，加快向可持续发展的蓝色经济转型有助于提升我国生态系统碳汇能力，特别是能有效改善沿海经济的发展现状。同时，可有效减缓和适应气候，为实现碳中和目标提供重要支撑。

近年来，各国各地为更快发展经济，不惜占用湿地作为企业等办公场所，湿地面积减少、功能有所减退、受威胁压力持续增大、保护空缺较多等问题日益突出。滨海生态系统的平衡一旦被打破，不仅仅是植物减少那么简单，失去碳汇功能就意味着原本被固定的碳被重新释放，变成一个巨大的碳源体，更加恶化当前的气候环境。海洋可以完成《巴黎协定》中确定的全球升温不超过 1.5℃所需减排量的五分之一（21%）以上，因此，海洋是实现碳中和不可忽视的“中流砥柱”。自然资源部第三海洋研究所研究员陈光程说：“关于滨海湿地的固碳储碳的研究已有很长的历史了，我国很早就在滨海湿地开展保护和修复工作。随着‘蓝碳’概念的提出，2014 年政府间气候变化专门委员将人类管理下的滨海湿地温室气体排放纳入国家温室气体清单，意味着滨海湿地的保护和生态修复进一步上升为履行我国二氧化碳减排承诺的手段之一。”“海草床通过光合作用固定二氧化碳，通过减缓水流促进颗粒碳沉降，固碳量巨大、固碳效率高、碳存储周期长。”自然资源部北海局教授级高工宋文鹏介绍。但同时，海草床也是一种比较脆弱的生态系统，对生长条件要求高，容易受外界环境的影响。为了更好地维护海草床的固碳效益和生态功能，我国正在抓紧推进针对海草床的保护修复工程。生态系统的保护在一定程度上还会促进旅游业和海岸经济的同时获益，多元化生态会收获多维度的利益，例如，开发沿海地区的基础设施能保护海岸线免受侵蚀和洪水风险的影响，生产生活安全也得到了一定的保障。

人类活动对海洋造成的问题包括航运污染、垃圾污染、水下噪音污染等，这些问题亟待解决，气候风险管理方法、气候适应性措施、可循环、零污染、高能效、保护生物多样性的可持续发展方案需要汇集低碳理念和中国智慧，让未来的海洋经济发展有方向、有目标。渔业、水产养殖、沿海旅游、海洋运输、港口活动和造船等在内的所有蓝色经济的行业部门必须要降低对环境和气候的影响。健康的海洋是营造碳汇存储环境的重要前提，也是解决气候和生物多样性危机的坚实基础。自然资源部海洋战略规划与经济工作小组召集人张占海说，“蓝”和“碳”这两个字组合在一起，将海洋与气候变化这两大全球最受关注的话题有机联系起来，为应对气候变化提供了海洋方案，也为海洋自然资源保护与可持续利用提供了新视角。低碳形势下海洋经济的发展前景一片光明，目前虽然海洋运输业的排放没有明确列入《巴黎协定》，但各国已经展示了加强应对气候变化行动的意愿。不仅如此，中国对“蓝碳”的重视也日益增强，相信在制定详细的发展方案之后会在全球范围内产生积极影响。

第四章

碳达峰与碳中和离不开数字技术

随着互联网技术的蓬勃发展和各行各业信息化和数字化的不断提升，数字经济已经渗透到了各行各业以及人们的生活之中。从生产关系到消费模式，数字化的重构和变革都在无时无刻地发生。而在碳达峰与碳中和的时代背景下，实现生产效率的提升和全面节能降碳，更离不开依托数字技术的科技创新、产业升级和绿色生活方式的普及。

碳达峰与碳中和的目标很清晰，但是现实很残酷。我国单位 GDP 能耗高于世界平均水平；国家能源局的《立足国情统筹降碳与能源安全》报告显示，煤炭在一次能源中占比达到 57%，严重制约 GDP 绿色增长；能源电力按计划性方式建设，尖峰缺口总和达 2500 万千瓦。国家发改委能源研究所时璟丽强调：从行业来看，风电光伏要从现有的 4 亿千瓦装机上升到 12 亿千瓦，而弃风弃光现象还时有发生，新能源消纳能力也有待提升；钱智民在 2020 年全球智慧能源高峰论坛中表示：交通能耗占全行业 29%，但交通电气化仅达 1.3%，电动汽车还有很大发展空间。因此，这里出现了两个矛盾：一是经济发展与碳排放的矛盾，国家要保证 GDP 6% 的增速，而同时要通过节能减排调整产业结构实现降碳，这两个诉求在现阶段是存在矛盾的；二是能源产业由二元发展向多元发展的矛盾，以电力行业为例，之前是发电在源头、消费在末端，产供销链路很清晰。但随着分布式能源的高速发展，发电也可以出现在消费侧，那么在消费侧就有了供应、交易、运营，整个链路由二元向多元变化，面对无序开放的市场，必须依靠科技和数字化来有效引导和服务，助力经济发展和产业升级。

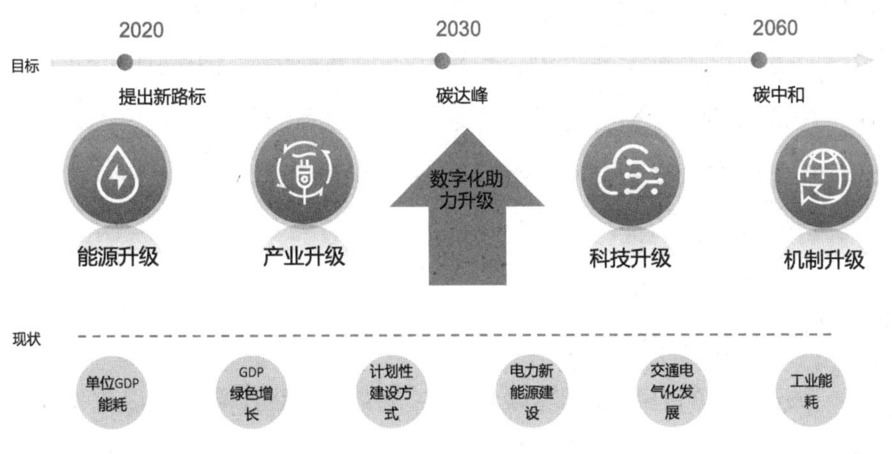

数字化助力实现碳达峰与碳中和

一、数字化进程是社会高质量发展的必然选择

数字化改革是我国立足新发展阶段、贯彻新发展理念、构建新发展格局的重大战略举措，是全面深化改革的总抓手。新一代数字技术不仅对企业传统的生产方式和管理体系产生了巨大冲击，而且更深刻地改变了社会资源的配置方式和社会组织的运行模式。新一轮的科技革命方兴未艾，世界经济格局也将因此经历重新洗牌，中国各大互联网企业在新的信息技术的支持下会找准数字化改革的前行路径，推动

数字化改革行稳致远。数字化改革是一项复杂的系统工程，涉及多个部门的同步改革，既是一片可以自由创作的广阔天地，又是一片攻坚克难的“无人区”,其离不开顶层设计和基层探索双向发力的改革规律。

从现实情况看，一部分人并没有意识到数字化改革的深刻内涵，没有从深层次理解数字化改革的价值意义，只是简单地认为将各种活动和行为从“线下搬到线上”。目前不少核心行业的运行还局限于传统的工作模式、思维方式，没有准确找到改革的切入点和突破点，导致改革方向、推进方式、整体思路均不成熟。因此，多领域的协同合作，跨部门的资源整合对充分调动各方资源和力量，深入挖掘各行业的内在优势有重要意义。各核心企业要集中精力、凝聚合力、善于借力、持续发力，为推动数字化改革提质增效。

（一）什么是数字化

数字化指的是把数据转换成用 0 和 1 表示的计算机可以识别的二进制码。数据可以是连续的值，比如声音、图像，称为模拟数据。也可以是离散的，如符号、文字，称为数字数据。“数据化”是指一种把现象转变为可制表分析的量化形式的过程。当前，数字化时代已经到来，耳熟能详的大数据、5G 技术、云计算、物联网、区块链都是数字化时代中的基础建设。大数据是数字化时代生产最为重要的能源，是做出智能化的处理和决策的前提。传统的数据计算、存储方式都是依托于部署在本地的 CPU、内存来进行的，虽然安全性很高，但是算力、存储的局限性带来了诸多不便，而云计算则可以将数据在云端进行处理，分布式算法、虚拟资源等可以极大节省计算资源。提到 5G 技术，可能最先想到的是网速，除此之外，对于普通用户来说可能影响不大，但它却是数字化过程中的重要环节。高速率、低时延、大容量等能使数据在超高密度情况下进行高速传输，信号中断可能会损失重要的数据从而对分析产生不利的影响，这个问题的解决就要依赖于5G技术。数据获取以及处理之后作出相应的决策再反馈、各个单元之间的自动调节及配合都可以基于物联网的互通互联，实现多个部门的信息交换和通信。数据涉及多个维度，来源广泛，并且需要传输到云端，在此过程中很有可能会有安全隐患，为解决这一问题，区块链技术应运而生。区块链是一个分布式的共享账本和数据库，具有去中心化、不可篡改、全程留痕、可以追溯、集体维护、公开透明等特点。这些特点保证了区块链的"诚实"与"透明"，能够加强信息的安全性。

运用云计算、大数据、物联网等先进数字化技术，归集企业从生产到服务过程中的全部数据，形成碳排放数据资产，为日常监管提供"数字指向标"，为实现碳排放预期目标进行合理决策提供科学依据。

（二）数字化改革释放新活力

碳达峰、碳中和是我国为响应全球应对气候变化政策积极做出的战略目标，这对我国的绿色发展、大国担当提出了新的时代要求，该目标也充分体现了中国共产党的忧患意识。虽然前路仍有不可避免的困难和挑战，但自目标明确以来，党中央和政府提出了阶段性、有规划的决策方案，这对按时实现"双碳"目标具有十分重要的指导意义。

2017年国务院从战略顶层提出《新一代人工智能发展规划的通知》，到2030年，人工智能理论、技术与应用总体达到世界领先水平，我国成为世界主要人工智能创新中心。在人工智能的三大基石中，数据是其中一个重要资源。2020年3月中共中央、国务院印发《关于构建更加完善的要素市场化配置体制机制的意见》提出了要加快培育数据要素市场。2020年4月国家发展改革委、国家网信办印发《关于推进“上云用数赋智”行动 培育新经济发展实施方案》提出加快数字产业化和产业数字化，培育新经济发展。2020 年 4 月工业和信息化部办公厅印发《中小企业数字化赋能专项行动方案》第一次提出企业数字化行动方案，以数字化、网络化、智能化赋能中小企业。2020 年 9 月份国资委印发《关于加快推进国有企业数字化转型工作的通知》，国资委将与有关部门和地方政府加强沟通联系，营造赋能企业数字化转型的政策环境，进一步明确央企国企和地方国有企业等国资背景的企业实施数字化转型的路径与方向。《第十四个五年规划和二〇三五年远景目标的建议》明确要加快数字化发展，并将数字化转型作为五年规划和远景目标写入报告。

数字化改革是顺应时代潮流发展的必然选择，是中国推进治理现代化和以新一代信息技术为代表的科技革命的发展要求。第三次浪潮的信息社会与前两次浪潮的农业社会和工业社会最大的区别，就是将重心从体能和机械能转移到智能。信息化虽然实现了数据的有效利用，但并未实现部门间数据的整合和集成，数字化则能全线打通数据融合，进行跨部门信息流通，为业务赋能，为决策提供精准洞察。不光是生产过程、业务流程要数字化，设备、产品、资源、决策体系都要数字化。以往的信息化也有很多数据，但数据都分散在不同的系统里，随着大数据技术的发展，数据的价值才得到了充分的体现。数字化改革将重新定义企业的科学决策、管理模式，也将驱动企业进行理念创新、技术创新，全方位、系统性的变革会对实现碳中和的目标增加更多动力。

大数据推动碳中和的精准化，实现了对碳中和全过程的精准掌握，并预测碳减排的趋势，能够针对不同问题进行实时分析，并对减排成果进行成效评估。另一方面，企业碳减排决策范式呈现出数据驱动的全景式特征，能直接针对问题追溯源头，借助多维数据整合实现。数字化流程助力碳中和工作的高效化，从根本上改造碳中和监测方式，通过数据采集、共享、处理、反馈，企业和相关主体可以解析碳中和工作的进程，并通过相关技术的创新与适配，打造“由外而内”的问题发现模式，实现高效减排。现今是一个大技术不断涌现的时代，云计算、大数据、物联网、区块链、5G 新一代信息技术逐步改变着我们的生活，科技创新能力的边界不断被拓展，一个个关键性课题取得了重大突破，绿色发展和科技革命从来不是不可交融的，数字化改革在碳中和领域的全新融合带来的将会是人类社会全方位的发展和进步。

《“十四五”数字经济发展规划》提出，到 2025 年，数字经济迈向全面扩展期，数字经济核心产业增加值占 GDP 比重达到 10%，数字化创新引领发展能力大幅提升，智能化水平明显增强，数字技术与实体经济融合取得显著成效，数字经济治理体系更加完善，我国数字经济竞争力和影响力稳步提升。

1. 数据要素市场体系初步建立。数据资源体系基本建成，利用数据资源推动研发、生产、流通、服务、消费全价值链协同。数据要素市场化建设成效显现，数据确权、定价、交易有序开展，探索建立与数据要素价值和贡献相适应的收入分配机制，激发市场主体创新活力。

2. 产业数字化转型迈上新台阶。农业数字化转型快速推进，制造业数字化、网络化、智能化更加深入，生产性服务业融合发展加速普及，生活性服务业多元化拓展显著加快，产业数字化转型的支撑服务体系基本完备，在数字化转型过程中推进绿色发展。

3. 数字产业化水平显著提升。数字技术自主创新能力显著提升，数字化产品和服务供给质量大幅提高，产业核心竞争力明显增强，在部分领域形成全球领先优势。新产业新业态新模式持续涌现、广泛普及，对实体经济提质增效的带动作用显著增强。

4. 数字化公共服务更加普惠均等。数字基础设施广泛融入生产生活，对政务服务、公共服务、民生保障、社会治理的支撑作用进一步凸显。数字营商环境更加优化，电子政务服务水平进一步提升，网络化、数字化、智慧化的利企便民服务体系不断完善，数字鸿沟加速弥合。

5. 数字经济治理体系更加完善。协调统一的数字经济治理框架和规则体系基本建立，跨部门、跨地区的协同监管机制基本健全。政府数字化监管能力显著增强，行业和市场监管水平大幅提升。政府主导、多元参与、法治保障的数字经济治理格局基本形成，治理水平明显提升。与数字经济发展相适应的法律法规制度体系更加完善，数字经济安全体系进一步增强。

（三）完善政策促进数字化减排

在我国明确 “碳达峰、碳中和”目标愿景的同时，也加速推进数字经济发展，助推中国由制造大国向制造强国的转变。因此，数字经济战略与实现碳达峰、碳中和目标相得益彰，两者紧密结合，相互促进，为推动中国及世界工业和能源产业的可持续健康发展助力。

2021 年 7 月 10 日，瓯江峰会 · 第二届国际工业与能源互联网创新发展大会围绕“数字能源 · 智慧物联”主题，共话共推深入实施“碳达峰、碳中和”与“数字中国”战略。全国工商联副主席李兆前表示，全国工商联将积极鼓励、支持、引导广大民企加快数字化、网络化、智能化发展，推动创新低碳、零碳、负碳等新技术，为实现“双碳”目标作出中国民企应有贡献。2021 年国家能源局下发了《关于报送整县（市、区）屋顶分布式光伏开发试点方案的通知》，为整县推进分布式光伏、推动乡村振兴奠定了新的工作基调，该举措有利于引导居民绿色能源消费，是实现“碳达峰、碳中和”与乡村振兴两大国家重大战略的重要措施。

二、数字政府让决策更加科学

以互联网为代表的数字经济转型正在加快资源整合速度，引领全球经济发展。数字技术的蓬勃发展为全球和中国的碳减排和碳中和目标的实现提供了巨大的动力。中国对碳达峰碳中和的承诺，体现了中国作为全球生态文明建设的参与者、贡献者和引领者的决心和魄力。实现碳中和是我国实现可持续发展、高质量发展的内在要求，是事关中华民族永续发展和构建人类命运共同体的重大战略决策。碳中和目标的实现表象上是对生态环境的保护，实质还是发展问题，所以现在应对气候变化的内涵是发展与保护深度融合，在发展中保护，在保护中发展。这意味着发展的绿色化、低碳化程度越来越高，环境保护在发展中的地位越来越重要。二氧化碳排放的“库兹涅茨曲线”实证研究表明，除少数发达国家实现温室气体达峰并下降之外，大多数国家尤其是广大发展中国家的排放仍在持续快速增加。因此，碳中和的美好愿景仍会面临巨大的挑战，为如期实现目标，政府当前重要的事不仅是要加快形成战略性、系统性、全局性的路线方案，为每一步计划的实施提供行动指南，而且还要在已经形成的碳排放市场中，做好监管工作。顶层设计与落地实施的紧密衔接，监管与问责的制度强化，数据流通与协同的多效融合都是政府在碳中和领域的工作重点。数字技术将是政府实现智能化、平台化的有力工具，将为这些工作的高效实施保驾护航。

（一）数字政府实现高效决策

习近平总书记2017年12月8日在中共中央政治局第二次集体学习时强调："以数据集中和共享为途径，推动技术融合、业务融合、数据融合，打通信息壁垒，形成覆盖全国、统筹利用、统一接入的数据共享大平台，构建全国信息资源共享体系，实现跨层级、跨地域、跨系统、跨部门、跨业务的协同管理和服务。"政府是几乎所有经济活动、社会活动的监管者，因此相比企业和个人，政府所掌握的数据资源最大，价值也最高。尚没有任何一个主体能够在数据产生之初就能全面预见其可能蕴含的价值。数据的价值挖掘不能依靠预先设计和计划，而必须通过不同主体多元尝试、渐进摸索。因此，为了实现最大化地利用和挖掘数据价值，就应该让数据充分流动起来，让不同的主体能根据自己掌握的信息进行分散化、多元化的尝试。在此过程中每个主体应该最大化数据的价值，向政府提供高质量的信息资源，从而提高决策水平。

（二）数字政府的顶层设计与基础设施建设

推动减污降碳协同增效是党中央在生态文明建设和绿色发展全局的高度上所提出的新使命、新战略。"十四五"污染防治攻坚战必须既减污、又降碳，两手都要抓、两手都要硬。党的十八大以来，包含减污在内的生态文明建设已是国家推进中国特色社会主义事业"五位一体"总体布局中不可或缺的组成部分，2021年3月，中央又提出"将碳达峰碳中和纳入生态文明建设整体布局"。另外，《大气污染防治法》已明确要求"对颗粒物、二氧化硫、氮氧化物、挥发性有机物、氨等大气污染物和温室气体实施协同控制"。国务院发布的《打赢蓝天保卫战三年行动计划》《"十三五"控制温室气体排放工作方案》

等文件也都提出了协同控制温室气体排放的目标。“十四五”空气质量全面改善行动计划等一系列专项规划也正在筹备中，国家在政策层面的努力是有目共睹的，未来也会根据发展趋势及时微调碳中和的实时路线图。同时，在实际减排行动中，政府也要起到统领全局的作用，不能全国减排方式、任务“一盘棋”。政府分解落实减排任务，引导各省市积极探索适合本地区的低碳绿色发展模式和发展路径，建立以低碳为特征的工业、能源、建筑、交通等产业体系和低碳生活方式，是促进低碳数字经济更好更快发展的有力支撑。

数字减排是一个兼具整体性和复杂性的庞大系统，多个产业都可以直接享受数字化带来的减排福利，而且还会产生相互之间的影响效应。如，降低数字产业自身碳排放的“直接效应”，推动其他产业减少碳排放的“间接效应”，以及通过构建碳市场等产生的“补充效应”。“间接效应”和“补充效应”相当于数字减排的附加成果，政府可以根据各个企业的数字碳资产掌握企业的生产、经营过程中碳的排放量，从而为管理提供科学的数据基础。除此之外，数字化在碳监测行业也发挥着大效用。碳达峰碳中和目标下，政府搭建的碳市场成为促进减少碳排放的重要平台，快速、准确度量排放主体的碳排放量不仅需要使用正确的方法学，还需要准确的监测污染物排放量。依托广泛的碳监测数据建立信息平台，对不同区域、主体的碳排放动态数据进行分析，跟踪碳排放变动趋势，验证数据的可靠性，将成为解决碳排放制度建设中重点难点的一个有力措施。生态环境部表示：“在顶层设计方面，要在谋划深入打好污染防治攻坚战的同时，抓紧制定 2030 年前碳排放、碳达峰行动方案，突出把降碳作为源头治理的‘牛鼻子’，统筹谋划一批推动经济、能源、产业等绿色低碳转型发展的重点任务和重大工程。同时，要聚焦重点领域和行业，加强源头治理、系统治理、整体治理。加快推动产业结构转型升级，严格控制高耗能、高排放项目建设。建设清洁低碳能源体系，把发展非化石能源、削减化石能源消费量作为治本之策。此外，要强化工作统筹，统一政策规划标准制定、统一监测评估、统一监督执法、统一督察问责，为实现减污降碳协同效应提供支撑保障。”

（三）监管有态度，违规零容忍

碳排放交易是运用市场经济来促进环境保护的重要机制，碳排放交易所是重要的新基建设施，在全国碳排放的控制和调节方面起着重要作用。近年来，碳排放交易逐渐成为一个新的市场经济活动，其场所的建设也在逐步推进和完善，在此基础上对碳减排的效应也是日渐明显的。研究发现，碳排放权交易政策对试点城市碳排放强度的降低具有显著而持续的推动作用。2020 年底，生态环境部出台了《碳排放权交易管理办法（试行）》，对碳市场交易主体的条件、交易产品、交易方式、各参与方权利和义务等作出了规定。2021 年以来，又陆续发布企业温室气体排放核算方法与报告指南、核查指南以及碳排放权登记、交易、结算管理规则等一系列文件，这些制度性文件带有强制性和规范性，让经营主体在市场运行管理的各个环节都有“法”可依。颁布的碳排放权登记、交易、结算三个管理规则，分别在登记、交易、结算活动各环节明确了监管主体和责任，而且对监管内容进行了详细的说明。精细化监管覆盖了碳市场流程的各个环节，有效地防止了交易过程中的违法行为，政府的监管是在努力保护各方交易主体的合法权益，维护整个市场秩序和公平。

数字化时代，政府的服务功能也全面升级，智能化平台收集多方碳数据，资源化管理摸清碳排放。在此基础上，政府优化顶层设计，形成我国低碳发展的新格局。在市场经济体制下，市场是配置资源和调节经济的主要手段，碳交易市场也不例外，市场这只“看不见的手”在引导企业经营、促进经济发展中具有重要作用，政府这只“看得见的手”在宏观调控方面也起到了必不可少的作用。同时，交易过程中的每个环节都可能存在隐患，政府的监管对加强市场参与主体以及生态环境系统的碳市场相关能力建设至关重要，市场参与主体不光要懂制度、守制度，更要用好制度。其次，政府对市场各参与主体严格按照相关制度规定开展业务进行指导监督、多部门对碳市场运行各个环节的联合监管将有效保证各方交易主体的合法权益，营造一个健康、和谐的交易环境。

三、数字企业节能减排，推动低碳绿色生产

能源和数字化是企业生存的两大关键法宝，能源革命正在与数字革命走向深度融合，数字化已经成为能源领域实现高质量发展的重要途径和必然选择。为实现碳中和目标，企业的内部改革是不可避免的，以产业数字化带动低碳转型是最直接的方式，也是最可行的路径。

（一）开启企业低碳发展之路

2021 年 5 月 18 日，在施耐德电气 2021“推动可持续 · 加速数字化”云端创新峰会上，施耐德电气高级副总裁熊宜解读了在“双碳”背景下，企业如何寻求效率与可持续发展之间的平衡。通过在百余家头部企业中的调研显示，大部分企业对碳中和的目标持积极态度，更有过半企业希望成为行业碳减排模范。其中有些企业已经将“碳中和”目标列入到了企业发展规划中。去年刚刚提出碳中和目标，优先企业

已经开始发力，较强的执行力让这些企业一直走在行业的前部。虽然企业有决心也有信心完成低碳转型，为建设社会主义生态文明和绿色经济作出贡献,但仍有些问题是依靠自身无法解决的。《每日经济新闻》记者梳理数据发现，在推动低碳目标规划的过程中，近八成企业需要外部协作。其中，政策和伙伴协作是企业减碳过程中最需要的支持。不只是这两方面的协助，政策和企业低碳目标方面的咨询、企业低碳目标规划咨询、碳排放量及披露相关的咨询等信息也是企业转型过程中的重点。技术和创新是企业迈向碳中和的关键动力，数字化不仅提供了能源消费衡量和分析的基础，且通过各种系统融合，促进效率的提升和新能源的发展，进而推进碳中和目标的实现。综上所述，企业为实现能源转型和数字化信息管理不是一朝一夕就可以完成的，通过集中精力部署顶层规划、战略性地增强信息管理能力、有的放矢地利用外部资源，才能始终保持竞争力，从而做到长远的可持续发展。

碳达峰碳中和目标一经提出，国电投、宝武钢铁、大唐、华电纷纷表示力争提前碳达峰，将时间线提前到了 2023 年或者 2025 年，三峡集团与宝钢则将碳中和目标设置在 2040 年与 2050 年。中国工商银行、中国建设银行、兴业银行、中心银行以及农业银行纷纷宣布将承销首批“碳中和债”，中国银行则支持几家国有电力公司成功完成国内首批碳中和债券的发行。互联网科技企业也争相表明态度，对外传递进取姿态，互联网公司往往在企业气候行动中承担着更高的要求与期待，企业对外释放应对气候变化与时俱进的信号是对大众的承诺。但是在大潮流、大背景下只有承诺没有实际路线图、时间表等都是寸步难行的。作出承诺首先是为实现碳中和目标作出的第一个努力，提出更具体的实施计划和路径才是企业迈向碳中和的第一步。众所周知，一个企业不可能只有单单一个环节，而且每个环节都会有一定的二氧化碳排放量。明确减碳的范畴，也有利于企业对运营全范围的碳排放进行梳理。既然企业在公众面前起到带头作用，就要勇于披露核心减排计划，真正做到低碳绿色发展。

（二）数字化转型驱动低碳能源发展

企业数字化转型是推动产业升级和可持续发展的重要手段。2021年被认为是碳中和元年，后三十年将是低碳化时代，低碳化和数字化将成为新的“两化融合”。数字化在企业全生命周期及整个生态价值链中发挥着重要作用，如提升效率、节约能源、提高信息化管理水平，帮助企业成为走绿色可持续发展之路的有力践行者和赋能者。

我国作为明确提出“碳中和”目标的国家，每个企业都有责任响应我国“碳中和”目标的实现。产业链上的每一环节都需要调整和重构，产业格局也将会发生较大变化。在制造业中，原材料、组装生产、销售，产业链的上中下游都需要为实现“碳中和”的目标作出改变。综合起来主要表现在三个方面：一是能源结构的调整，从传统的化石能源转变成天然气、太阳能等清洁能源，提高新能源使用占比；二是创新技术的应用，通过采用更先进的生产技术和污废处理技术，从根源降低能耗，减少二氧化碳的排放，理想结果是污水的回收再利用；三是优化管理，充分利用好信息化、数字化、智能化工具，形成企业内部的资源管理和碳排放资产系统。其中优化管理方面也需要建立系统性的改革计划，首先，建立完善的碳排放管理体系，能为设置合理有效的碳减排目标以及定期检讨碳减排表现奠定基础，从而提升企业的碳资产管理水平。其次，为了提升碳排放数据的测量、追踪能力，确保数据的准确性和可靠性，企业可考虑利用新兴技术和数字解决方案，即人工智能、机器学习、数据仓库、大数据及云端数据管理软件，把握发展碳排放交易市场的机遇，建构稳健可靠的数据管理系统，以收集、梳理和监控企业的碳排放数据。这些通过标准填报流程建立的碳排放数据库，使企业的历史数据具有可追溯性和数据维护的便利性。同时可以以过去积累的排放量和相关数据作为未来调整碳排计划的参数，再评估计算业务风险严重程度，以及跟踪环境指标执行情况，在企业战略决策和业务发展方面提供数据支持。再次，企业需要定期以报告的形式对碳排放数据进行公开披露，并且按照国际标准进行编写，以确保企业之间的数据能够相互对比，作为市场参考标准。企业内部负责碳排放管理相关人员要具备碳相关行业知识，能够以清晰的思路提供企业碳排放报告，并且能及时发现数据收集、汇总、存储、上报、审核中的纰漏，平时也要加强知识储备，满足企业碳资产管理的需求。

此外，2020 年 11 月发布的《全国碳排放权交易管理办法（试行）》（征求意见稿）提出，生态环境部制定并公布重点排放单位排放配额分配方法，排放配额分配初期以免费分配为主，适时引入有偿分配，并逐步提高有偿分配的比例。有偿分配收入实行收支两条线，纳入财政管理。碳交易市场是一个推动企业减少碳排放的重要手段，利用市场机制倒逼企业技术创新，减少碳排放强度。

虽然我国目前提出的目标只是到 2060 年的碳中和，但并不意味着企业实现这一目标就可以停滞不前。不能忽视的是，气候问题是一个长期性的难题，需要一步步扎实地推进，实现碳中和只是阶段性胜利，但绝不是企业气候行动的终点。已经有很多公司的气候行动不止步于碳中和，而是进一步实现负碳排放。全球生物医药公司阿斯特拉捷利康（Astra Zeneca），日前宣布在 2030 年实现其全产业链的负碳排。我们需要以更长的时间尺度衡量国家和企业的“碳中和”目标，利用企业的低碳能源转型和数字化绿色经济驱动和影响碳中和，使企业真正受益于此，也为碳减排做出更多贡献。

四、数字社会引领绿色生活新时尚，实现碳普惠

以习近平同志为核心的党中央高度重视数字化发展，明确提出数字中国战略。《中共中央关于制定国民经济和社会发展第十四个五年规划和二〇三五年远景目标的建议》提出："加强数字社会、数字政府建设，提升公共服务、社会治理等数字化智能化水平。"数字社会是新一代信息技术同社会转型深度融合的产物，也是推动精细化社会管理的手段和方法创新。数字技术能够不断扩展社会服务覆盖范围和用户群体，扩大优质低成本服务供给，不断提高人民群众的获得感、幸福感、安全感。在数字技术推动下，以民主参与、集体协作、自组织和自我调节为特征的网络社会正在加速形成。数字时代的社会秩序主要依靠的不是社会控制，而是人们之间的互动互利行为。用户的每一次操作行为，无论多么微小，都将深刻影响着算法配置和流程优化，因此数据的重要性在数字社会中尤为突出。目前，数据是社会可持续发展的新资源，智能化技术让公民之间的连接更紧密、生活体验更好。在碳减排大趋势的推动下，绿色生活将会给公民带来更大的幸福感和满足感。

（一）消费端减排定量化

据调查，联合国气候变化政府间专家委员会（IPCC）评估报告显示，在全球碳排放总量中，约有72%是由居民消费引起的。上述报告称，在中国，居民消费产生的碳排放量占中国碳排放总量的40%–50%，其对碳排放的贡献不容忽视，且越是经济发达地区，这一比例越高。

全国各地区也在致力于减少消费端的碳排放并推出可量化减排量的平台，期望有效控制消费端碳排放在总量中的比重。

江苏省苏州市日前在高新区设立了绿普惠碳中和促进中心。从个人角度而言，衣食住行游等生活的方方面面的减排行为都可以通过计算减排量进行量化，形成个人碳减排日志。根据日志中的累积碳减排量数据可得到公益、商业和政策鼓励性等激励，公众将会更自主地选择低碳方式实施每一次消费行为。2021 年 6 月 5 日，泸州市“绿芽积分”在生态环境部 2021 年“六五”世界环境日国家主场活动中展示，并跻身进入生态环境部“提升公民生态文明意识行动计划”2021 十佳公众参与案例。“绿芽积分”融合区块链、云计算、大数据等前沿科学技术，综合采集公民在绿色生活、绿色出行、绿色循环、绿色金融等多个维度绿色场景的减排行为，并将其科学量化，形成分布式架构的绿色账本和一套集纳个人绿色生活的多维体系算法，进而建立泸州市个人、企业、政府碳减排数字账本，完善个人绿色生活回馈机制，支撑全民绿色生活方式。2021 年 6 月 28 日已经上线的全国首个以数字人民币结算的碳普惠平台——“青碳行”APP 正式在“2021 青岛·中国财富论坛”亮相。平台以核算出的用户出行碳减排量折算兑换成数字人民币，从而鼓励居民绿色出行、践行绿色生活理念。将青山绿水的自然资源财富与数字人民币应用落地的金融财富以及个体自然人通过低碳减排行为获得的个人财富相结合，通过数字经济新技术催生节能服务新业态，构建“人人参与、人人有责、人人有权、人人有利”的全社会节能减排氛围。以市场化方式引导居民主动节能减排，以现实利益刺激促进碳普惠平台的推广，以区块链技术保障用户隐私安全，以数字人民币形态拓宽平台应用场景，以“绿色出行、健康生活”理念倡导全民共同参与，助力城市高质量发展，以实际行动探索出行中的节能减排。这些软件和平台都让居民的低碳行为可视化，也让公众真实、深切体会到低碳消费转化成实际利益的福利。量化碳减排量在一定程度上可以了解减排效果，并为未来推行更严格和紧凑的减排计划提供数据依据。

（二）正确引导公众践行绿色低碳生活

生态环境部、中央文明办、教育部、共青团中央、全国妇联等五部门在 2018 年六五环境日国家主场活动现场联合发布《公民生态环境行为规范（试行）》，倡导简约适度、绿色低碳的生活方式，引领公民践行生态环境责任，携手共建天蓝、地绿、水清的美丽中国。政府依靠具有规范性质的文件加以树立和引导公民的环保意识，社会则通过与公民更贴近的日常生活实现低碳理念的灌输。互联网已经深入社会的每个角落，当然，在促进低碳减排的新征程上必然离不开互联网的优势加持。互联网商家可以通过在消费过程中提供多种选择引导公众绿色消费，如鼓励用户选择“不使用一次性餐具”；互联网平台开发趣味公益项目吸引公众采取绿色低碳生活方式，如支付宝“蚂蚁森林”、百度“小度农庄”、新浪“熊猫守护者”等。

社区作为城乡居民生活的基本单元，是建设资源节约型和环境友好型社会的基础载体。低碳社区是指通过构建气候友好的自然环境、房屋建筑、基础设施、生活方式和管理模式，降低能源资源消耗，实现低碳排放的城乡社区。探索有效控制社区碳排放水平的途径，对于实现我国控制温室气体排放行动目标，推进生态文明和“美丽中国”建设具有重要意义。其中的一种表现形式是低碳小镇，低碳小镇是响应低碳目标的新兴建设，是在新时代背景下推动绿色发展的示范板块，是一项开创性的特色小镇创建项目。低碳包括社区的多个基础设施建设系统，供暖、排污、园林绿化、能源等，任务艰巨，不仅要充分彰显低碳环保特色，而且在投入使用之后要真正可以实现碳减排。其中有诸多系统都需要数字化技术提供保障，智能化在提供便利的基础上更大的作用是节约资源，如智能安防、智能照明、智能停车场、智能浇洒等体系都将竭尽全力减少能源的浪费。各级各部门已经拿出了逢山开路、遇河架桥的气魄、勇气和决心，在加强统一思想认识的基础上，坚定信心，凝聚智慧和力量，把低碳小镇建设作为加快创新转型的突破口和主抓手，加快推进低碳小镇创建工作。低碳小镇旨在牢固树立社会主义生态文明观，推动形成人与自然和谐发展现代化建设新格局，强化公民生态环境意识，引导公民成为生态文明的践行者和美丽中国的建设者，包括关注生态环境、节约能源资源、践行绿色消费、选择低碳出行、分类投放垃圾、减少污染产生、参加环保实践、共建美丽中国，对强化公民生态环境意识起到了关键性作用，有利于在整个社会中形成环保的良好风气，让居民在绿色的环境中感受生活的美好。

消费端的碳排放量化可以形成公民个人碳积分账户，以奖励、兑换商品等方式激励用户以实际行动践行低碳理念，在潜移默化中减少消费端的碳排放。此外，仍然需要对公民的低碳意识加以引导，营造出绿色生活的氛围，将低碳深入生活的每个角落。

方法篇

第五章

瞄准产业升级与能源低碳转型

党的十九大对中国未来的长期发展作出了明确的战略安排：从2020-2035年，用15年时间基本实现社会主义现代化；从2035-2050年，再用15年时间，把中国建成富强民主文明和谐美丽的社会主义现代化强国。这个战略部署是研究中国产业结构长期变动趋势的基本指导框架。以中国经济发展进入新常态或新时代的重大转变为依据，总的看，“十三五”时期是中国产业结构调整升级的初步推进期，2020-2035年是中国产业结构调整升级的加速推进期，而2035-2050年将是中国产业结构调整升级的相对稳定期。因此，从“十四五”时期到2035年，是中国产业结构调整升级的重点时段。产业结构调整的手段包括淘汰落后产能、遏制高耗能产业新增产能、发展服务业和战略性新兴产业。

一、淘汰落后产能调整高耗能产业结构

加快淘汰落后产能是转变经济发展方式、调整经济结构、提高经

济增长质量和效益的重大举措，是加快节能减排、积极应对全球气候变化的迫切需要，是走中国特色新型工业化道路、实现工业由大变强的必然要求。随着加快产能过剩行业结构调整、抑制重复建设、促进节能减排政策措施的实施，淘汰落后产能工作在部分领域取得了明显成效。我国一些行业落后产能比重大的问题仍然比较严重，已经成为提高工业整体水平、落实应对气候变化举措、完成节能减排任务、实现经济社会可持续发展的严重制约。必须充分发挥市场的作用，采取更加有力的措施，综合运用法律、经济、技术及必要的行政手段，进一步建立健全淘汰落后产能的长效机制，确保按期实现淘汰落后产能的各项目标。各地区、各部门要切实把淘汰落后产能作为全面贯彻落实科学发展观，应对国际金融危机影响，保持经济平稳较快发展的一项重要任务，进一步增强责任感和紧迫感，充分调动一切积极因素，抓住关键环节，突破重点难点，加快淘汰落后产能，大力推进产业结构调整和优化升级。

《关于利用综合标准依法依规推动落后产能退出的指导意见》从能耗、环保、质量、安全、技术五个方面提出了明确的任务要求，具体是：严格执行节约能源法、环境保护法、产品质量法、安全生产法等法律法规，对能源消耗、污染物排放、产品质量、安全生产条件达不到相关法律法规和标准要求的产能，由地方相关部门根据职责依法提出限期整改的要求，对经整改仍不达标或不符合法律法规要求的，报经有批准权的人民政府批准或直接依据有关法律法规规定，予以关停、停业、关闭或取缔。对工艺技术装备不符合有关产业政策规定的产能，由地方有关部门督促企业按要求淘汰。

当前宏观调控的重点之一是要遏制高耗能产品的过快增长。要采取有力措施，严格控制投资规模，抑制高耗能、高污染、资源性产品大量出口。认真贯彻落实《国务院关于发布实施〈促进产业结构调整暂行规定〉的决定》及高耗能行业结构调整的指导意见，大力推进产业结构调整。支持循环经济发展，调整产品结构，鼓励企业通过经济手段联合重组，支持上下游企业组建具有国际竞争力的企业集团，实现优势互补，提高产业集中度。优化产能布局，遏制局部地区短期内产能过快增长。

对新建和改扩建的项目，有关部门在进行投资管理、环境评价、土地供应、信贷融资、电力供给等审核时，要以行业准入条件为依据，严格把关。同时严格实施公告制度，对符合准入条件的企业予以公告，并实施动态管理。

严禁通过减免税收等各种优惠政策招商引资、盲目新上高耗能项目。各地要清理违反规定自行出台的发展高耗能产业的土地、税收、电价等方面的优惠政策，一经核实，应立即取消，对拒不取消的，将予以通报并在媒体曝光。

严格按照《关于进一步贯彻落实加快产业结构调整政策措施遏制铝冶炼投资反弹的紧急通知》规定清理铝冶炼投资项目，对未经核准、不符合产业政策、准入条件和规划布局，未依法办理土地使用手续，未按要求报批环境影响报告书的氧化铝、电解铝项目，一律停建。遏制拟建氧化铝、电解铝项目，不符合规划布局的一律不允许开工。

加大在建铜冶炼项目的清理力度，抑制铜冶炼盲目投资势头。加强产业政策与土地、信贷政策的协调配合，对不符合国家产业政策、市场准入条件的各类项目，不提供授信支持，土地，规划、建设、环保和安全生产监管部门不办理相关手续。落实完善差别电价政策，扩大级差，并严格按鼓励类、限制类、淘汰类的分类标准执行。研究实行差别排污费、差别水价等经济措施，促进落后生产能力尽快退出市场。

发展干法水泥窑余热发电项目和协同处理、利用工业废弃物及垃圾生产水泥的技术；推广矿热炉低压补偿技术等；推动电解铝企业采用大型预焙槽加烟气净化系统，减少氟化物等污染物排放。进一步研究控制“两高一资”产品出口的相关政策措施，逐步调减出口税率，加强出口监管，进一步降低初级加工产品的出口退税率。合理开发利用国内资源，结合整顿和规范矿产资源开发秩序的工作，关闭破坏环境、不具备安全生产条件的矿山企业。开发低品位资源的利用技术。搞好资源开发利用规划，促进产业结构调整，促进经济可持续发展。

二、深入实施制造强国战略

“十四五”规划中指出要坚持自主可控、安全高效，推进产业基础高级化、产业链现代化，保持制造业比重基本稳定，增强制造业竞争优势，推动制造业高质量发展。

加强产业基础能力建设。实施产业基础再造工程，加快补齐基础零部件及元器件、基础软件、基础材料、基础工艺和产业技术基础等瓶颈短板。依托行业龙头企业，加大重要产品和关键核心技术攻关力度，加快工程化产业化突破。实施重大技术装备攻关工程，完善激励和风险补偿机制，推动首台（套）装备、首批次材料、首版次软件示范应用。健全产业基础支撑体系，在重点领域布局一批国家制造业创新中心，完善国家质量基础设施，建设生产应用示范平台和标准计量、认证认可、检验检测、试验验证等产业技术基础公共服务平台，完善技术、工艺等工业基础数据库。

提升产业链供应链现代化水平。坚持经济性和安全性相结合，补齐短板、锻造长板，分行业做好供应链战略设计和精准施策，形成具有更强创新力、更高附加值、更安全可靠的产业链供应链。推进制造业补链强链，强化资源、技术、装备支撑，加强国际产业安全合作，推动产业链供应链多元化。立足产业规模优势、配套优势和部分领域先发优势，巩固提升高铁、电力装备、新能源、船舶等领域全产业链竞争力，从符合未来产业变革方向的整机产品入手打造战略性全局性产业链。优化区域产业链布局，引导产业链关键环节留在国内，强化中西部和东北地区承接产业转移能力建设。实施应急产品生产能力储备工程，建设区域性应急物资生产保障基地。实施领航企业培育工程，培育一批具有生态主导力和核心竞争力的龙头企业。推动中小企业提升专业化优势，培育专精特新“小巨人”企业和制造业单项冠军企业。加强技术经济安全评估，实施产业竞争力调查和评价工程。

推动制造业优化升级。深入实施智能制造和绿色制造工程，发展服务型制造新模式，推动制造业高端化智能化绿色化。培育先进制造业集群，推动集成电路、航空航天、船舶与海洋工程装备、机器人、先进轨道交通装备、先进电力装备、工程机械、高端数控机床、医药及医疗设备等产业创新发展。改造提升传统产业，推动石化、钢铁、有色、建材等原材料产业布局优化和结构调整，扩大轻工、纺织等优质产品供给，加快化工、造纸等重点行业企业改造升级，完善绿色制造体系。深入实施增强制造业核心竞争力和技术改造专项，鼓励企业应用先进适用技术、加强设备更新和新产品规模化应用。建设智能制造示范工厂，完善智能制造标准体系。深入实施质量提升行动，推动制造业产品“增品种、提品质、创品牌”。

实施制造业降本减负行动。强化要素保障和高效服务，巩固拓展减税降费成果，降低企业生产经营成本，提升制造业根植性和竞争力。推动工业用地提容增效，推广新型产业用地模式。扩大制造业中长期贷款、信用贷款规模、增加技改贷款、推动股权投资、债券融资等向制造业倾斜。允许制造业企业全部参与电力市场化交易，规范和降低港口航运、公路铁路运输等物流收费，全面清理规范涉企收费。建立制造业重大项目全周期服务机制和企业家参与涉企政策制定制度，支持建设中小企业信息、技术、进出口和数字化转型综合性服务平台。

三、发展壮大战略性新兴产业和促进服务业繁荣发展

近年来，诸多有利政策的支持，让我国战略性新兴产业实现了快速发展，充分发挥了经济高质量发展引擎作用。但是，面临着百年未有之大变局的现状，我国战略性新兴产业将处于更加严峻的内外环境。因此，为推动产业进一步壮大发展，迫切需要在产业布局优化、创新能力提升、发展环境营造、国内需求释放以及深化开放合作等方面采取更加科学有效的针对性措施。“十四五”规划中指出要着眼于抢占未来产业发展先机，培育先导性和支柱性产业，推动战略性新兴产业融合化、集群化、生态化发展，战略性新兴产业增加值占 GDP 比重超过 17%。聚焦产业转型升级和居民消费升级需要，扩大服务业有效供给，提高服务效率和服务品质，构建优质高效、结构优化、竞争力强的服务产业新体系。

聚焦新一代信息技术、生物技术、新能源、新材料、高端装备、新能源汽车、绿色环保以及航空航天、海洋装备等战略性新兴产业，加快关键核心技术创新应用，增强要素保障能力，培育壮大产业发展新动能。推动生物技术和信息技术融合创新，加快发展生物医药、生

物育种、生物材料、生物能源等产业，做大做强生物经济。深化北斗系统推广应用，推动北斗产业高质量发展。深入推进国家战略性新兴产业集群发展工程，健全产业集群组织管理和专业化推进机制，建设创新和公共服务综合体，构建一批各具特色、优势互补、结构合理的战略性新兴产业增长引擎。鼓励技术创新和企业兼并重组，防止低水平重复建设。发挥产业投资基金引导作用，加大融资担保和风险补偿力度。

在类脑智能、量子信息、基因技术、未来网络、深海空天开发、氢能与储能等前沿科技和产业变革领域，组织实施未来产业孵化与加速计划，谋划布局一批未来产业。在科教资源优势突出、产业基础雄厚的地区，布局一批国家未来产业技术研究院，加强前沿技术多路径探索、交叉融合和颠覆性技术供给。实施产业跨界融合示范工程，打造未来技术应用场景，加速形成若干未来产业。

推动生产性服务业融合化发展。以服务制造业高质量发展为导向，推动生产性服务业向专业化和价值链高端延伸。聚焦提高产业创新力，加快发展研发设计、工业设计、商务咨询、检验检测认证等服务。聚焦提高要素配置效率，推动供应链金融、信息数据、人力资源等服务创新发展。聚焦增强全产业链优势，提高现代物流、采购分销、生产控制、运营管理、售后服务等发展水平。推动现代服务业与先进制造业、现代农业深度融合，深化业务关联、链条延伸、技术渗透，支持智能制造系统解决方案、流程再造等新型专业化服务机构发展。培育具有国际竞争力的服务企业。

加快生活性服务业品质化发展。以提升便利度和改善服务体验为导向，推动生活性服务业向高品质和多样化升级。加快发展健康、养老、托育、文化、旅游、体育、物业等服务业，加强公益性、基础性服务业供给，扩大覆盖全生命期的各类服务供给。持续推动家政服务业提质扩容，与智慧社区、养老托育等融合发展。鼓励商贸流通业态与模式创新，推进数字化智能化改造和跨界融合，线上线下全渠道满足消费需求。加快完善养老、家政等服务标准，健全生活性服务业认证认可制度，推动生活性服务业诚信化职业化发展。

深化服务领域改革开放。扩大服务业对内对外开放，进一步放宽市场准入，全面清理不合理的限制条件，鼓励社会力量扩大多元化多层次服务供给。完善支持服务业发展的政策体系，创新适应服务新业态新模式和产业融合发展需要的土地、财税、金融、价格等政策。健全服务质量标准体系，强化标准贯彻执行和推广。加快制定重点服务领域监管目录、流程和标准，构建高效协同的服务业监管体系。完善服务领域人才职称评定制度，鼓励从业人员参加职业技能培训和鉴定。深入推进服务业综合改革试点和扩大开放。

（一）新动能驱动产业发展新速度

“十三五”以来，战略性新兴产业总体实现持续快速增长，经济增长新动能作用不断增强。一些前沿领域出现爆发式发展，在数字经济、人工智能、工业互联网、物联网等领域新业态、新模式不断涌现，战略性新兴产业领域产业跨界趋势愈加明显。同时，工业互联网、物联网的快速发展正加快推动经济转型升级和变革。以“互联网+”为代表的平台经济迅猛发展。战略性新兴产业竞争实力不断增强，一些重要产业发展水平达到世界先进。我国新能源发电装机量、新能源汽车产销量、智能手机产量、海洋工程装备接单量等均位居全球第一；在新一代移动通信、核电、光伏、高铁、互联网应用、基因测序等领域也均具备世界领先的研发水平和应用能力。一些领军型企业也具备了一定国际竞争地位和市场影响。2019年，华为、阿里巴巴、腾讯等创新引领型巨头企业均入围世界500强。

（二）优化政策促使发展新成效

国家政策是为战略性新兴产业平稳发展保驾护航的坚实后盾，产业支持政策体系愈发健全为企业进步提供了广阔平台。从国家到地方层面，战略性新兴产业政策支持体系得到不断完善，推动产业发展的政策体系愈发健全。一是细分领域战略规划陆续编制印发。国务院和相关部门先后出台近20个与战略性新兴产业细分领域密切相关的顶层政策文件，涵盖整体目标、创新环境保障和具体发展举措等，为战略性新兴产业五大领域八大行业的发展提供强有力的规划支撑。二是重点地区产业促进政策体系日趋完善。全国主要省市均制定并发布了加快推动本省市战略性新兴产业发展的顶层设计政策文件，同时因地制宜，颁布了若干推动本地优势特色战略性新兴产业发展的相关政策。三是一批国家重大工程建设加快推进。自《"十三五"国家战略性新兴产业发展规划》发布以来，相关部门积极推动有关重大工程落地实施，并取得积极进展。

体制机制改革取得了突出成效，各部门合力积极构建公平竞争的市场环境。同时搭建了完善的标准和规范体系让各行业活动有"法"可依。国家标准委先后在云计算领域编制了《云计算综合标准化体系建设指南》，开展了35项国家标准研制；在物联网领域，成立了全国信息技术标准化技术委员会物联网分技术委员会；在大数据领域，发布了标准化白皮书，开展32项国家标准研制工作。

金融支持新兴产业发展的方式方法及专项资金扶持政策迈出重要步伐。国务院办公厅发布相关通知来引导互联网、大数据、云计算、人工智能等领域独角兽企业获得优先上市通道。人民银行大力发展绿色票据、双创债券、并购票据等创新型产品。知识产权局以试点的形式加快推进专利质押融资工作。

积极探索适合新技术、新产品、新业态、新模式发展的监管方式。在新一代信息技术领域，《国务院关于进一步扩大和升级信息消费持续释放内需潜力的指导意见》提出对信息消费坚持包容审慎监管，积极应用大数据、云计算等新技术创新行业服务和管理方式，放宽新业态、新模式市场准入。

（三）创新升级打造发展新优势

“十三五”以来，战略性新兴产业重点行业、重点企业创新投入持续提升，2019 年战略性新兴产业上市公司平均研发支出达到 2.4 亿元。新一代信息技术、新能源汽车以及高端装备领域上市公司 2019 年研发强度分别达 10.18%、9.31% 以及 8.02%。2018 年规模以上高技术制造业企业法人单位全年专利申请量 26.5 万件，其中发明专利申请 13.8 万件，分别比 2013 年增长 85.1% 和 85.8%。

同时，有助于新兴产业创新基础能力提升的科研基础条件大为改善。例如，新建了中国散裂中子源、500 米口径球面射电望远镜（FAST）、“科学”号海洋科考船、新型风洞等一批重大科技基础设施，建立国家重点实验室和国家技术创新中心，规范管理国家科技资源共享服务平台。

在科技体制改革的推动下，我国科技中介服务不断完善，极大促进了科技创新资源合理利用和成果转化。2019 年，全国技术市场成交合同 48.4 万项，涉及技术开发、转让、咨询和服务等方面，成交额首次突破 2 万亿元，较 2015 年增长近 1 倍。各类孵化器、加速器、众创空间等科技中介组织在全国范围内大量涌现，截至2019年年底，全国共有8000家众创空间，各类科技孵化器、加速器超4000家，为各类创新主体提供融通合作的平台。

（四）集群力量构建发展新引擎

为了集中优势资源推动各地特色产业集群发展，国家发展改革委积极推进战略性新兴产业产业集群建设有关工作，国家级新兴产业集群建设成效显著。2019年组织了第一批国家级战略性新兴产业集群申报工作，从中评选出第一批66个战略性新兴产业集群名单，并研究形成“一揽子”金融支持计划。国家发展改革委将会同有关部门积极支持国家级战略性新兴产业集群建设，具体包括重点建设项目将择优纳入国家重大建设项目储备库；支持产业链协同新平台、检验检测和智能园区等产业基础设施建设；在知识产权服务、重点技术研发、专项债券融资、人才奖项计划实施等方面给予支持等。

国家级战略性新兴产业集群建设工作起到了良好的牵引带动作用，各地纷纷加快培育建设特色战略性新兴产业集群，并取得积极成效。例如，山东省在入选的7个战略性新兴产业集群中大胆推进政策和制度先行先试，在关键领域下大功夫，做强做优优势产业，提升产业集聚的广度和深度，一批优势特色产业链不断延伸。杭州市近年来不断加大生物医药产业布局力度，积极培育千亿生物医药产业集群，以平台集聚、重大项目引领、创新资源驱动等举措，推动生物医药产业集群实现高质量发展。

各地通过推动新兴产业集群集聚发展，形成了若干带动能力突出的新兴产业新增长极。例如，北京市持续推进新能源智能汽车发展，积极打造国家智能网联汽车创新中心，初步形成完整的、领先的新能源智能汽车创新体系，打造形成了全国领先的新能源智能汽车优势集群；深圳市依托5G龙头企业牵引，打造形成了5G产业生态和产业集群；贵州省作为全国首个大数据综合试验区，近年来深入实施大数据战略行动，成为经济发展的重要增长点及转动能稳增长的重要支撑，成为全省高质量发展新引擎。

（五）合作开发形成发展新局面

在二十国集团（G20）、金砖国家、APEC等多边框架下，有关部门继续倡导“新工业革命”“数字经济”相关发展理念和主张，初步建立了合作创新的国际框架。各部门着力构建区域技术转移协作网络，科技部、发展改革委、外交部、商务部联合印发《推进“一带一路”建设科技创新合作专项规划》，并围绕科技人文交流、共建联合实验室、科技园区合作、技术转移等4项行动制定具体实施方案。

相关部门积极落实与发达国家政府间的新兴产业合作协议，打造一系列国际合作新平台。国家发展改革委按照中英新兴产业合作协议建立中英创新中心，推动项目联合孵化；通过举办第八届中德经济技术论坛，围绕新兴产业领域达成96项相关合作；发展改革委落实与智利签署的《关于开展信息通信领域合作谅解备忘录》，推进“中智电信合作及跨境海缆项目”；原国家海洋局组织对发展中国家科技援助项目“适用热带海岛的高浓缩反渗透海水淡化技术研究与应用”立项实施，推动与佛得角、文莱等国在海水淡化设备方面的合作交流。

各地积极引导外商投资战略性新兴产业，一批战略性新兴产业外资企业落户中国，例如，波音公司737完工和交付中心落户浙江舟山，空客公司天津A330宽体机完工和交付中心启动建设。同时，更加重视以人才开发体制机制改革促进人才引进，国务院办公厅印发《关于推广支持创新相关改革举措的通知》，逐步形成高层次外籍人才申请永久居留的政策渠道，为外国留学生在华就业、创业提供更大便利。

四、能源低碳转型行动方案

能源是经济社会发展的重要物质基础，也是碳排放的最主要来源。要坚持安全降碳，在保障能源安全的前提下，大力实施可再生能源替代，加快构建清洁低碳安全高效的能源体系。国务院《2030 年前碳达峰行动方案》的通知中指出，“十四五”期间，能源结构调整优化取得明显进展，重点行业能源利用效率大幅提升，煤炭消费增长得到严格控制，新型电力系统加快构建。到 2025 年，非化石能源消费比重达到 20% 左右，单位国内生产总值能源消耗比 2020 年下降 13.5%。“十五五”期间，产业结构调整取得重大进展，清洁低碳安全高效的能源体系初步建立，重点领域低碳发展模式基本形成，重点耗能行业能源利用效率达到国际先进水平，非化石能源消费比重进一步提高，煤炭消费逐步减少。

从具体的行动方案来看，主要从以下几个方面推进：1. 推进煤炭消费替代和转型升级；2. 大力发展清洁能源；3. 因地制宜开发水电；4. 积极安全有序发展核电；5. 合理调控油气消费；6. 加快建设新型电力系统。其中，《中华人民共和国国民经济和社会发展第十四个五年规划和 2035 年远景目标纲要》中指出，要推动煤炭生产向资源富集地区集中，合理控制煤电建设和发展节奏，推进以电代煤。有序放开油气增储上产。因地制宜开发利用地热能。提高特高压输电通道利用率。加快电网基础设施智能化和智能微电网建设，提高电力系统互补互济和智能调节能力，加强源网荷储衔接，提升清洁能源消纳和存储能力，提升向边缘地区输配电能力，推进煤电灵活性改造，加快抽水蓄能电站建设和新型储能技术规模化应用。完善煤炭跨区域运输通道和集疏运体系，加快建设天然气主干管道，完善油气互联互通网络。

五、构建数字时代的能源体系

迎接数字时代，激活数据要素潜能，推进网络强国建设，加快建设数字经济、数字社会、数字政府，以数字化转型整体驱动生产方式、生活方式和治理方式变革。在加快推动数字产业化方面，要培育壮大人工智能、大数据、区块链、云计算、网络安全等新兴数字产业。构建基于5G的应用场景和产业生态，在智能交通、智慧物流、智慧能源、智慧医疗等重点领域开展试点示范。推动煤矿、油气田、电厂等智能化升级，开展用能信息广泛采集、能效在线分析，实现源网荷储互动、多能协同互补、用能需求智能调控。

智慧能源体系作为我国重要战略方向，是以电力系统为中心，综合利用大数据分析、云计算、互联网等技术，将电力系统与天然气、热、冷以及工业、交通、建筑系统等紧密耦合，协调多能源的生产、传输、分配、存储、消费及交易，实现能源的安全、高效、绿色、智慧应用。从供给侧看，要实现碳达峰目标，必须要加快能源清洁低碳转型，加大可再生能源的占比。但由于风、光等可再生能源的不稳定性特点，需要在能源项目的设计、制造、建设和运维等环节与智慧能源技术紧密结合，实现水、风、光、储等多能互补和智能化管理。而在消费端，随着用户需求逐渐变得更加多样、分布式光伏的发展、电动汽车的增长等，智能需求响应和负荷预测将发挥非常重要的作用。借助大数据分析和人工智能，可以通过天气、用户生活习惯等合理规划电网调度，提供个性化用电服务，并实现需求和供给侧的智能匹配。

六、数字化助力可再生能源发展

基于联合国气候变化框架公约，从 1997 年的《京都议定书》，到 2009 年的《哥本哈根议定书》，再到 2015 年达成的《巴黎协定》，逐步奠定了国际社会 2020 年后加强应对气候变化行动与国际合作的制度基础。2030 年争取碳达峰，与我国 2035 年基本实现社会主义现代化、生态环境根本好转、美丽中国目标基本实现的目标一脉相承。2060 年实现碳中和，与 21 世纪中叶把我国建成富强民主文明和谐美丽的社会主义现代化强国的计划遥相呼应。可再生能源发展路径是兑现国际承诺，体现国家责任与担当，实现节能减排、绿色可持续发展的国家战略。习近平总书记指出发展清洁能源是改善能源结构、保障能源安全、推进生态文明建设的重要任务，中央又提出“实现碳达峰、碳中和是一场硬仗，是我们治党、治国理政能力的大考”，打赢这场硬仗，赢得这场大考，事关中华民族永续发展和构建人类命运共同体，也是中国经济走向高质量发展的必由之路和必然趋势。

（一）可再生能源是通往碳中和之路的加速器

2020 年我国能源消费导致的二氧化碳排放约 100 亿吨，其中电力是最大的排放部门，排量占比约 39%，此外工业、交通、建筑部门也是重要的碳排放源。按照国家自主贡献目标和 1.5℃政策路径，到 2050 年，相对 2015 年基数，电力行业的碳排放量降减少 100%–120%，工业部门的碳排放量将减少 75%–95%，建筑领域的碳排放量将减少 50%–95%，交通部门的碳排放量将减少 40%–90%。因此，未来工业、建筑、交通领域使用的能源载体将发生变化，低碳能源技术将逐渐代替现有用能方案。

循环经济概念下，可再生能源是一种具有开放端口的能源形式，能够补偿并替代传统能源消耗功效并不对环境带来次生风险，环境负外部性比率接近零风险。能源转型是一个系统性工程，涉及多个行业和领域，化石燃料如同水一样在各国的工业体系乃至国家生产运行体系中无处不在，以至于我们无法完全剥离化石燃料与工业。能源转型所消耗的时间可能是漫长的，减排技术的改进效果也不可能成指数增长，分阶段式去碳化是首要考虑的方式，但也同样无法回避传统能源系统的三种基本挑战——供应安全性、可持续性、经济性。国家能源局局长章建华表示，“将制定更加积极的新能源发展目标，大力推动新时代可再生能源大规模、高比例、高质量、市场化发展”，有力推动可再生能源从能源绿色低碳转型的生力军成长为碳达峰碳中和的主力军，为构建清洁低碳、安全高效的能源体系提供坚强保障，是日后实现碳中和目标的重要思路。

“用科技实现碳达峰和碳中和，以绿色完成能源革命目标，以科技实现能源革命目标”是五中全会对能源工作的总要求。科技行业的直接温室气体排放量不高，但其整个产业链上的总排放量很多，因此，无论是国内还是国外的各科技巨头都密切关注碳相关信息，加速启动减排计划。苹果公司在 2019 年的年碳排放量为 2510 万吨，但是办公运营的碳排放占比几乎为零，绝大部分的碳排放来源于产品的生产、流通和使用环节。为了更好地响应碳中和的目标，苹果也宣布了一系列减碳行动计划。打造新的项目从而帮助整个产业链转向清洁能源，有超过 70 家公司供应商承诺将会使用百分百的可再生能源进行日常生产，一旦承诺实现，每年减少的1430万吨碳排放量相当于每年三百万辆汽车的碳排放量。亚马逊未来自身的减碳计划围绕一个核心展开：Shipment Zero公司将致力于所有运输流程净零碳。三个发力点分别是：可再生能源投资与使用、使用电动车作为主要运输设备以及100%可回收包装。其中可再生能源投资已经取得了初步成效，Amazon目标在2025年实现日常运营100%使用可再生能源。在2019年，公司业务中42%的能源使用来自可再生能源。截至2020年6月，Amazon一共在全球参与了91个太阳能与风能相关的项目，其每年产生的电量足够68000个美国家庭使用。

2018年，张北数据中心加入张家口“四方协作机制”风电交易，率先在全国数据中心行业开展非水可再生能源电力交易。今年还作为首批全国绿色电力交易主体，达成1亿千瓦时光伏电力交易。2021年1–9月，阿里巴巴共交易绿电2.24亿千瓦时。自2018年至2021年9月，仅张北数据中心就累计交易约6亿千瓦时新能源电量，累计实现二氧化碳减排近52.3万吨。2020年，阿里巴巴张北数据中心成为行业内首个碳普惠试点项目，同时获评2020年国家绿色数据中心。

（二）供需联动、分配得当

可再生能源的大力发展，势必会结合智能化电网和能源互联网，除此之外，分布式能源也很重要，已故的我国著名工程热物理学家、中国科学院院士、清华大学燃气轮机专业创始人吴仲华先生提出中国能源发展应遵循的“十六字方针”：“分配得当、各得其所、温度对口、阶梯利用”。“十六字方针”就能够解决我国能源发展的基本问题。国务院原参事、原国家发展和改革委员会能源局局长徐锭明将其延伸成为：“因能制宜、各尽其用；因需制宜、各得其所；因地制宜、多元开发；因时制宜、阶梯利用；和而不同、美美与共。”“只有把能源和智能结合在一起，才知道什么时候需要能源，需要什么能源，谁需要能源，才能最终实现‘因能制宜各尽其用，因需制宜各得其所，因地制宜多元开发，因时制宜梯级利用’。”无论是“十六字方针”还是延伸方针，都强调了能源需求和供应的匹配性。分布式电源、储能、微电网、新能源汽车、新型交互式用能等设备大规模接入配电网，用户参与度逐渐上升，相应的用能服务也要提高质量。及时了解需求信息的主要手段依然是智能技术，通过物联网对水，电，气等能源消耗进行实时采集、监测和控制，利用大数据进行需求分析，根据用户需求配电，合理安排资源，实现高效用能。

电力系统具备强大的调峰能力才能满足可再生能源发电大规模、全方位接入电网，未来一段时间内。在大规模储能技术尚未突破的情况下，仍需依靠传统能源和现有电力系统挖掘调峰潜力，扩大可再生能源消纳空间，推动其大规模可持续发展。国家发改委能源研究所研究员时璟丽提出“在全国范围内尤其是可再生能源占比较高的地区继续提升风电、光伏发电在电力系统中的渗透率，必须在电源侧、电网侧、用户侧各方都采取有效措施，通过合理配置调峰和储能设施、推进火电灵活性改造、加快电网基础设施建设、发挥需求侧响应作用、加强网源荷储衔接等方式，持续提升电力系统灵活性，增加系统调节能力”。应充分发挥可再生能源的低碳优势，构建完善的电力交易市场，合理补偿电力调峰成本，通过市场展示风、光、核的电能优势和价值，尽快落实可再生能源配额、绿证及交易等制度，使能源格局不断发展壮大，为智能化管理可再生能源营造良好环境。在顶层战略设计的指引下，规划解决大规模调峰、输送等挑战，才能协调各方，保证低碳能源成功转型。

在全球经济发展面临较大不确定性的形势下，中国的行动受到世界目光的凝视，中国采取的一系列举措与“2030年前碳达峰”“2060年前碳中和”的承诺一起向世界展示了中国自主贡献的决心，也传递了期待与世界各国一路携手同行低碳之路的信号。在用能的过程中，数字化和可再生能源的结合，能源才有可能从有限到无限或者从有限到充足，数据驱动能源数字化转型，共建共享绿色未来。

七、数字技术助推电池储能高效发展

能源是人类生存和发展的基石，人类社会进步于现在的程度，离不开每一次工业革命中能源类型和使用方式的革新。传统化石能源为人类提供了丰富的能量，但带来的气候、环境问题也是难以逆转的。实现碳达峰、碳中和是一场广泛而深刻的系统性绿色革命，全球能源供应和消费处于大调整、大变革的转型时期，我国面临的任务更为艰巨。我国已进入新发展阶段，电力发展也进入了绿色化、智能化为主要技术特征的新时代，新一代能源系统将以电力为中心，与信息通信和互联网技术深度融合，成为驱动经济社会发展的新引擎。

（一）国内外能源互联网的发展现状

在碳中和目标指引下，终端用能电气化是目前实现能源消费高效化的基本趋势，是实现全行业减排的必然要求。《中国碳中和之路》中数据表明：到2060年，终端用能电气化累计减排贡献达28%。能源消费逐渐由煤、油、气等向电转变，未来电力将会成为终端能源消费的核心载体。2060年，化石能源占能源消费比重可降至11%，我国全社会用电量增至17万亿千瓦时，占终端能源消费的66%。因此，电力能源的需求将有效推动风电、光伏装机规模的增加。高比例清洁能源系统逐步形成，储能就成为重要的基础建设。储能可为电力系统提供调节能力，确保电力生产与消费平衡，在保证安全用电的基础上，按需合理分配，提升系统经济性水平，降低用电成本。《山东省能源发展“十四五”规划》提出，到2025年，可再生能源发电装机规模达到8000万千瓦以上，力争达到90000万千瓦左右。到2025年，建设450万千瓦左右的储能设施。储能技术多种多样，运维管理也需要根据应用场景做具体考量，随着储能技术的成熟和成本的下降，储能将广泛应用于电力系统的各个环节。初步分析表明，除储能技术需要广泛地应用外，还要通过多种能源的协同配合，才能实现高比例可再生能源电力系统的安全稳定运行。

能源互联网是一种将互联网与能源生产、传输、存储、消费以及能源市场深度融合的能源产业发展新形态。随着党的第十八次全国代表大会提出能源革命战略，2015年政府工作报告推出“互联网+”行动计划，能源与互联网正不断实现深度融合，极大地促进了国内能源互联网的发展。2016年3月，国家“十三五”规划纲要明确提出“将推进能源与信息等领域新技术深度融合，统筹能源与通信、交通等基础设施网络建设，建设‘源网荷储’协调发展、集成互补的能源互联网。”2016年4月，国家发展和改革委员会、能源局正式发布《能源技术革命创新行动计划（2016－2030年）》，为未来我国能源互联网技术的发展制定了行动计划。党的十九届五中全会通过的《中共中央关于制定国民经济和社会发展第十四个五年规划和二〇三五年远景目标的建议》指出，要坚持把发展经济着力点放在实体经济上，坚定不移建设制造强国、质量强国、网络强国、数字中国，推进产业基础高级化、产业链现代化。能源互联网已经得到了政府的认可，指导规划分析了清晰的前景，切实实施推进将会逐步实现能源互联网的落地。

能源互联网的优势激发了各国开展研究的兴趣，希望在此次技术革命中取得新的胜利。2004 年 The Economist 发表了“Building The Energy Internet”，首次提出建设能源互联网（Energy Internet），通过借鉴互联网自愈和即插即用的特点，将传统电网转变为智能、响应和自愈的数字网络，支持分布式发电和储能设备的接入，以减少大停电及其影响。2008 年 12 月德国联邦经济和技术部发起一个技术创新促进计划，以信息通信技术（Information and Communication Technology, ICT）为基础构建未来能源系统，着手开发和测试能源互联网的核心技术。2011 年欧洲启动了未来智能能源互联网（Future Internet for Smart Energy, FINSENY）项目，该项目的核心在于构建未来能源互联网的 ICT 平台，支撑配电系统的智能化；通过分析智能能源场景，识别 ICT 需求，开发参考架构并准备欧洲范围内的试验，最终形成欧洲智能能源基础设施的未来能源互联网 ICT 平台。

（二）储能运维切实提高安全性和经济性

能源互联网是一个复杂的系统，其中包括新能源发电技术、大容量远距离智能输电技术、先进电力电子技术、先进储能技术、智能能量管理技术、先进信息技术、可靠安全通信技术、系统规划分析技术和标准化技术等。其中储能技术和电池运维是本节讨论的重点。

近 20 年来，电压超额运行已造成了 140 余起大停电事故，经济损失多达数千万元乃至数亿元。建立多分支、多节点的储能装置系统能稳定地支持电网的系统频率和电压，尽量避免电网互联和超电荷运行引起的区域振荡，实现据需要而定的动态输 / 配电管理，从而有效提高电网稳定性。化石能源送电尚且存在断电的风险，新兴的可再生能源更加存在此类威胁。风能由于其随机性、间歇性导致风电场无法提供持续稳定的功率，较差的发电稳定性和连续性给电网的安全运行带来了巨大挑战。同时用电需求不可避免会受到电力系统负荷峰值的诸多限制。抽水蓄能电站可以较为合适地用作其替代电场。抽水蓄能电站充分利用了电能和势能的资源转换，电力负荷低谷时将过剩的电能转化为势能，电力负荷高峰期将势能转化为电能。抽水储能技术成熟、可靠，使用寿命长，装机容量大，是目前应用规模最大的储能技术。国家能源局制定的《抽水蓄能中长期发展规划》表明：截止到 2019 年底，全国抽水蓄能装机规模约 3000 万千瓦，占全国储能总装机的 93.4%。全球最大的抽水蓄能电站是我国的丰宁蓄能电站，完全建成后装机容量将达到 360 万千瓦。根据我国抽水蓄能站址资源开发进程，预计到 2030 年，抽水蓄能装机规模将达到 1.13 亿千瓦。全球能源互联网发展合作组织预测，2060 年抽水蓄能装机规模将达到 1.8 亿千瓦。电化学储能是技术进步最快，发展潜力最大的储能技术。传统的铅酸电池使用面临很多问题，如体积大、重量重、循环寿命短，且对环境要求严苛。从全生命周期的拥有成本、使用寿命、安全性角度来说，锂电池优势明显，在电化学储能技术中装机规模最大，有更广泛的应用前景。截止到 2019 年底，全国电化学储能装机规模约 171 万千瓦，年平均增长率为 80%；其中锂离子电池装机容量约 138 万千瓦。可再生能源是未来能源的主力，由于其具有波动性、间歇性与随机性的发电特点，只能对传统发电方式起到补充作用，如果完全依靠可再生能源提供不间断的电力，相应的储能建设尤为重要。以电网为例，储能可以作为应急电源，有效平衡电网峰谷变化，降低能源供应不足导致的各项损失，提高电网安全性和可靠性。但电池储能尤其是大规模电池储能系统的寿命、安全性和可靠性存在着隐患，高效运维将是储能建设之后的重要工作。

储能电站建成并网后会面临着另一个工作重心——运营维护工作，这将直接关系到电站的运行寿命和运行期间的稳定性，其投资价值和最终收益也会因此受到影响。过去运维人员还是依靠纸张记录，记录过后再统一整理，如果数据遗失将会造成信息的很大漏洞。而且电站的规模越大，这种隐患就越明显。现在大多数系统的管理模式都向精细化过渡，数字化管理是发展的必然要求，储能管理将依靠数字化发挥出更大的价值。大数据、云计算等数字化技术在保证储能电站安全发挥了至关重要的作用。电池运行状态动态监控、功能衰减预警、故障及早排查，是数字化技术在储能运维方面的重要贡献。将运维信息精细化记录并同步到云端，使得查阅统计分析更简单，累计的数据信息将有助于优化电站控制策略。华能集团储能技术研究所副所长朱勇看来，储能电站的数字化改革将有效提高电站的用电安全性以及运行稳定性。通过数值模拟测算电站的寿命，能尽可能充分发挥其经济价值。杭州轻舟科技根据当前储能电站运维存在的诸多问题，推出了成熟的一站式智慧运维平台：储能管家，来帮助电站提升运维能力。根据数字能源产业智库联合发布的《数字能源十大趋势白皮书》，浙江通过智能储能系统的 AI 自错峰，节省了电费近 17%。

八、数字技术让氢能安全有保障

实现碳达峰碳中和是我国生态文明建设的历史性任务，是我国立足新发展阶段、贯彻新发展理念、构建新发展格局的重要内容。重点行业能源转型是推动生产消费从低效、粗放、污染、高碳转向高效、智能、清洁、低碳的助推器。优化能源消费结构，是保障国家能源安全，落实零碳化的重要手段。电气化可以大幅降低能源消费侧化石燃料燃烧的碳排放，但在冶金、航空、化工等用能领域难以实现完全电气化，使用绿氢是这些领域实现零碳的关键，氢能作为转变能源消费方式的完美解决方案，正在能源结构中占有一席之地。

（一）碳达峰碳中和为氢能应用提供广阔舞台

氢是一种来源多样、使用灵活、用途广阔、可跨国贸易的低碳能源，在储能、冶金、化工、工业高温热源、交通等领域具有良好的应用前景。根据全球能源消费结构，有三分之一的二氧化碳难以通过替代化石能源来减排。氢气与空气混合之后的燃烧速度迅速，热值高，能以多种形态储存，便于运输等。在冶金行业，碳不仅能提供冶炼所需要的能量，同时还是应用广泛的还原剂，这一功能是电气无法代替的。氢气作为优秀的还原剂，常用于钼、钨等不含碳金属的冶炼。但也能部分代替碳作为还原剂用于铁、镍等大宗金属矿物的冶炼。在化工行业，氢气是氨、甲醇等重要化工产品的原料。随着电制氢经济性的提升，电制氢再制甲烷、甲醇、氨等燃料或原料有巨大的发展潜力。在交通领域，氢燃料电池发动机具有零污染、续航里程长、加氢时间短、比汽油发动机点火能量低、扩散速率高等多种特点。在储能领域，氢气是一种极好的能量储存介质。氢和电能之间通过电解水和燃料电池技术可以实现高效率的相互转换。当电力生产过剩时可以利用电力制造氢气并储存起来；电网电力供应不足时，通过燃料电池等方式将储存的氢气释放出来以供能。据能源基金会预测，到 2050 年氢能、生物质能将分别贡献 3%–18%、5% 的能源消费。目前制氢技术主要有三种：化石能源制氢、工业副产提纯制氢和电解水制氢。全球每年约 7000 万吨氢气产量，有 98% 是由化石燃料制备的“灰氢”，剩余不足2%的低碳制氢由三种技术生产：低碳电力电解水（“绿氢”）、化石能源制氢+CCUS（“蓝氢”），以及低碳电力热解天然气（“蓝氢”）。在这些制氢技术中，无疑绿氢最环保，但考虑到现阶段制氢成本昂贵，大规模推广具有一定的困难性，所以期待技术的进步能有效降低成本，提高绿氢的广泛适用性。

氢的众多显而易见的优势催生了各行业的广泛需求。在十余年的发展过程中，我国氢能产业从无到有，填补了我国能源结构中这一领域的空白，实现了“从0到1”的突破。我国氢能产业的三个阶段我国氢能产业的发展经历了三个阶段：起步阶段、推广阶段和快速发展阶段。在“十三五”之前，技术的不成熟导致氢能政策重点放在对氢能与燃料汽车技术研发上。此后，我国进一步推进氢能与燃料汽车的产业化，同时制定相关补贴标准为市场的发展保驾护航。2019年氢能发展首次被政府报告提及，要推动充电、加氢等设施建设；2020年氢能的能源属性被承认，在能源工作指导意见中指出，要推动储能、氢能技术进步与产业发展；2021年，氢能产业首次出现在“五年规划”中，“十四五”规划提出组织实施未来产业孵化与加速计划，谋划布局一批未来产业。中央政府整体规划的出台，为氢能的发展提供了重要保障。继《中华人民共和国能源法（征求意见稿）》将氢能明确划入了能源范畴之后，四川、广东、宁夏、江苏、安徽、河北、河南、山东等地也于近期陆续出台氢能产业发展规划或产业政策。根据江苏省发布的氢能规划，至2025年全省要建成50座以上加氢站。2020年2月出台的《佛山市南海区氢能产业发展规划（2020～2035年）》提出，2025年氢能产业累计总产值要达到300亿元。氢能的快速发展使得全国加氢站规划数量激增、建设提速，氢能应用逐渐渗透进社会生活的多个场景，为氢气供应提供可靠保障。

（二）数字化为用氢安全问题提供答案

氢能的环保性促进其成为未来经济增长点，企业是推动产业发展的核心力量，在智能制造的潮流中寻找数字化转型的出路，力求为氢能产业高质量发展提供技术保障。企业流程化、精细化管理是信息化、智能化发展的必然趋势，企业的核心竞争力离不开数字化技术，这不仅是可持续发展的重要支撑，更是适应时代的基础。率先开展数字化在氢能领域的探索，将氢能产业链的各个流程在线化，将以云计算、大数据、人工智能、物联网、区块链等为代表的先进信息技术深度融合，形成与氢能相关的智能管理模式。中国钢研集团安泰环境工程技术有限公司氢能应用中心高级总监赵英朋此前表示："无论是氢燃料汽车、加氢站还是储运氢，如果能够进行即时、全面的数据采集，并建立数据库，通过专业化的工具进行数据的收集整理，将进一步提高相关企业生产、管理和研发效率。"管理效率是数字化优势的一方面，氢能发展的火热时期，氢能的安全问题也备受关注，数字化赋能氢能安全将进一步为能源安全奠定基础。

氢能的利用，涉及制氢、储运、应用三个环节，高密度安全储运氢至今是一个挑战。虽然氢能利用是极为环保的能源，但尚未很好地解决安全问题使得它一直处于一个尴尬境地。开发新型高效的储氢材料、创新安全的储氢技术等硬件设施达到较高水平后，安全运营软件技术的发展也是科技企业的一大重点。例如，运用大数据、人工智能可以通过数据库进行场景分析，从而实现在气氢、液氢、固氢这三种不同的运输方式中做出最优选择，根据经验积累总结最佳的适用场景，实现安全问题和经济成本的兼顾。融链科技联合武汉大学能源物联网实验室研发推出"数字氢能安全"系统为加氢站智能安全建设带来全新的面貌。融链科技"数字氢能安全"系统是以大数据分析为基础，运用人工智能的人脸识别、物体检测、姿态识别技术，通过实时动态抓取包括储运氢、现场运维、车联网传感器等氢能产业各个环节数据和历史安全事故数据，综合运用大数据各种算法挖掘数据中的关系，构建加氢站安全数字预测模型，实现对安全隐患有效监测和预警，为加氢站高效、安全运营提供多重保障。

各地推出利好政策，为氢能发展提供战略支持，数字化赋能氢企，为氢能安全保驾护航。碳中和对能源转型的要求不是一时的要求，是长期坚持的要求，低碳能源消费是全世界共同的愿望，是全人类共同的挑战。克服氢能发展关键技术受限、配套设施不完善等难题，拥抱新时代，才能不会被淘汰。

九、数字技术支撑固碳技术大有可为

实现碳中和将形成零碳能源体系和可持续发展新格局，有效降低气候风险，大幅减少气候变化和气候灾害造成的各类经济损失。行动越早，越能尽快在有限时间内实现碳中和的目标。二氧化碳捕集利用与封存（CCUS）在技术成熟的前提下有可能实现近零排放，是全球气候解决方案的重要组成部分，而且其已被证明是一项安全有效的技术。完善的 CCUS 技术能填补能效和可再生能源技术减排的不足，对降低全球二氧化碳排放量，以及根据《巴黎协定》控制全球气候变暖至关重要。

（一）CCUS 是全球实现碳中和目标的重要手段

我国实现碳达峰碳中和时间紧凑，碳达峰和碳中和之间只有三十年的时间，而以德国、法国、英国为代表的欧洲国家于 20 世纪 80 年代末、90 年代初已实现碳达峰，美国 2007 年实现碳达峰，日本 2013 年实现碳达峰，距离 2050 年碳中和目标均有 37—60 年的过渡期。面对这样紧迫的任务，急需寻找一种有效减少二氧化碳的方式。碳捕获及封存（CCS）技术是发达国家比较重视的碳减排技术，尽管 CCS 技术是较为理想的减碳手段，但其中的问题也是显而易见的。巨额的投资、运营成本和额外能耗以及安全性都会成为影响其稳定发展的障碍，故而我国在 CCS 基础上增加利用环节，提出了二氧化碳捕集利用与封存（CCUS）。CCUS 是从工业排放源中以某种手段将 CO_2 分离出来或直接加以利用或封存，来达到 CO_2 减排的目的。在整个流程中，CCUS 包括了捕集、输送、利用与封存几大环节。CO_2 捕集是指将电力、钢铁、水泥等行业利用化石能源过程中产生的 CO_2 进行分离和富集的过程，是 CCUS 系统耗能和成本产生的主要环节。CO_2 捕集技术可分为燃烧后捕集、燃烧前捕集和富氧燃烧捕集。适合捕集的排放源包括发电厂、钢铁厂、水泥厂、冶炼厂、化肥厂、合成燃料厂以及基于化石原料的制氢工厂等，其中化石燃料发电厂是 CO_2 捕集最主要的排放源。CO_2 运输是指将捕集的 CO_2 运送到利用或封存地的过程，是捕集和封存、利用阶段间的必要连接。根据运输方式的不同，主要分为管道、船舶、公路槽车和铁路槽车运输四种。CO_2 利用是指利用 CO_2 的物理、化学或生物作用，在减少排放的同时实现能源增产增效、矿产资源增采、化学品转化合成、生物农产品增产利用和消费品生产利用等，是具有附带经济效益的减排途径。根据学科领域的不同，可分为 CO_2 地质利用、CO_2 化工利用和 CO_2 生物利用三大类。

《2017 年能源技术展望》（IEA）的研究结果显示，要达到巴黎 2℃的气候目标，到 2060 年，累计减排量的 14% 来自 CCUS，且任何额外减排量的 37% 也来自 CCUS。IPCC 等国际机构也证实没有 CCUS

就无法实现国际气候变化目标。在全球共同应对气候变暖之际，国际能源署发布的《CCUS 在低碳发电系统中的作用》报告也指出，CCUS 技术是化石燃料电厂降低排放的关键解决方案。“如果不用 CCUS，要实现全球气候目标可能需要关闭所有化石燃料发电厂”。

1972 年美国建成 Terrell 项目，CO_2 捕集能力达 40 万 ~ 50 万吨 / 年，这是国外最早报道的大型 CCUS 项目；随后，美国俄克拉荷马州 Enid 项目于 1982 年建成，通过化肥厂产生的 CO_2 进行油田驱油，CO_2 捕集能力达 70 万吨 / 年。1996 年，挪威 Sleipner 项目建成，它是世界上首个将 CO_2 注入地下（盐水层）的项目，年封存 CO_2 量近百万吨。21 世纪以来，美国、加拿大、澳大利亚、日本及阿联酋等国家加速推进 CO_2 捕集项目的工业化。2014 年，加拿大 SaskPower 公司的 Boundary Dam Power 项目是全球第一个成功应用于发电厂的二氧化碳捕集项目。2015 年，加拿大 Quest 项目成功地把合成原油制氢过程中产生的 CO_2 注入地层并将其封存，每年捕集的 CO_2 量达 100 万吨。美国是早期开展 CCUS 技术研发的国家之一，目前有 14 个正在运行的商业化 CCUS 项目。

2013 年原环境保护部（现生态环境部）印发《关于加强碳捕集、利用和封存试验示范项目环境保护工作的通知》提出“探索建立环境风险防控体系”“推动环境标准规范制定”等要求，推动了碳利用和封存过程中的环境风险评估、监管工作的进行。2016 年 6 月 21 日原环境保护部（现生态环境部）发布了《二氧化碳捕集、利用与封存环境风险评估技术指南（试行）》（以下简称《指南》），成为发展中国家第一个 CCUS 环境风险评估技术文件，以实际行动展示中国方案和速度。《指南》发布后，国务院于 2016 年 10 月 27 日印发《“十三五”控制温室气体排放工作方案》中明确指出：“推进工业领域碳捕集、利用和封存试点示范，并做好环境风险评价。”，这对环境风险评价提出了新的要求。中国 CCUS 技术发展线路图（2018 版）综合考虑了经济发展、能源转型、排放达峰等约束因素，初步提出到 2025 年中国发展 CCUS 技术的总体愿景。政府建立了强有力的研究架构与广泛的支持政策，促进 CCUS 项目的开展，并出台一系列相关政策保障开发过程中的环境安全。

中国科技部等部门对 CCUS 相关科学理论、关键技术、风险评估等作出了明确的战略指导，但从理论到实践需要跨越不可想象的艰难险途，我们需要以高度的责任感，切实落实技术创新，探索和深化二氧化碳的可利用途径，变“废”为宝。

（二）智能化建设创造 CCUS 新模式

2021 年 4 月 10 日，第六届碳捕集利用与封存国际论坛在北京举办。截至目前，我国已建成 CCUS 示范项目 35 个，行业发展已建立起较好基础。如今，推进 CCUS 重点项目建设已被写入“十四五”规划，多家能源行业研究机构也在分析报告中将 CCUS 技术列为实现碳中和的重要技术。其中，二氧化碳捕集与驱油封存（CCS-EOR）也成为现今石油勘探行业的新兴技术，中石化石油工程建设有限公司教授级高级工程师陆诗建博士说“这种技术能够将二氧化碳捕集并用于驱油，还可同时实现地下封存，不仅具有巨大的封存潜力、良好的环境效益，还能增加原油产量，助力保障国家能源供给。”从上述的实践可以体会到 CCUS 发展正处在如火如荼的阶段，但并不能忽视其带来的环境和经济影响。如果在运输、注入和封存过程中发生捕集压缩后二氧化碳的泄漏，这一风险将严重影响事故附近的生态环境。因此，考虑到 CCUS 项目可能带来的环境影响，需要对其在进行过程监测、风险防控的过程中，提出行之有效的、贯穿于全流程的管控方案。全流程和监管就涉及信息技术，整个 CCUS 的各个环节利用传感器实时接收监测数据，利用大数据分析异常情况，及时调整 CCUS 的工作进度。以二氧化碳的注入和封存为例，首先需要选择稳定性、长期性的合适地层，其次确保注入速度和注入量不会诱发地震。这两个过程可以借助人工智能进行数值模拟，提高预测的准确性和效率。中国石化华东石油局江苏华扬液碳有限责任公司（以下简称华东液碳公司）将数字化管理技术应用于 CO_2-EOR 现场。目前已将新一代 CO_2 撬装压注装置投入使用，通过对视频、数据监控系统进行优化升级，实现了压注设备的全自动化独立运行，包括电脑端远程一键启停设备和数据实时传输功能。这一高度自动化设备的应用实现了现场无人值守即可远程遥控生产。华东液碳公司生产运行指挥中心信息化远程控制平台采用 King View 上位机 SCADA 软件，在云端收发数据，并将其安全存储。不仅在降低成本、提高安全性方面发挥了重要作用，还推动了驱油现场的智能化管理。数字化与 CCUS 的深度融合为全球气候治理提供了一个可行的解决方案，在全面提高国家应对气候变化的科技能力的基础上不断丰富拓展数字化在 CCUS 领域的内涵和外延，为碳减排作出更大的贡献。

能源结构改革是目前以及未来的必然选择，但在减排目标之前未必能实现绝大多数行业的完全转型，因此实施额外的 CCUS 技术是一种为碳中和目标提供有效保障的有力措施。尽管实现碳达峰碳中和是一个极大的挑战，但同时也将为二氧化碳捕集和资源化利用技术带来广阔的运用空间。控制温室气体排放和减缓气候变化是全世界的共同责任，CCUS 将成为我国未来以共同智慧、最大努力作出的战略选择。

第六章

发展核心数字科技

数字科技发展到今天，典型的代表有大数据、人工智能、物联网、移动互联网、云计算和区块链技术。高效快捷的移动互联网使得信息的互通更加方便，并由此产生了大量的数据，而对大数据的进一步挖掘则进一步提升了生产效率。云计算是作为技术平台和基础设施，经济有效地支撑和承载了大数据的存储、处理、计算等服务。随着工业2.0

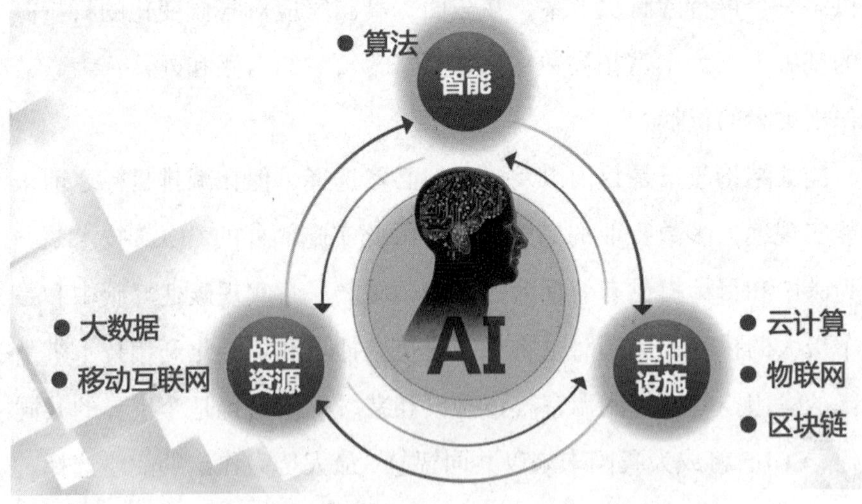

云、大、智、移、物、链的相互关系

的大力发展以及区块链技术的逐步成熟，安全、可靠的产业互联网也逐步成为现实，为整个社会生产制造的升级提供了基础条件。结合对业务的理解，通过大数据分析，挖掘出能降本增效、提升生产效率的有用信息，并应用算法实现智能化应用和部署。

一、云计算：云端信息中心，满足多元化需求

党的十九大报告提出，“推动互联网、大数据、人工智能和实体经济深度融合，在中高端消费、创新引领、绿色低碳、共享经济、现代供应链、人力资本服务等领域培育新增长点、形成新动能”，并明确了“网络强国”“数字中国”“智慧社会”等概念，国家从政策层面、战略高度为数字化建设指明了方向。在碳中和目标的大背景下，资源平台化是必然要求，云计算是数据时代的算力支撑平台，也是大数据的承载平台，为庞大、复杂的数据体系提供底层支撑，承载基于数据的算力需求是云平台重点价值。

世界经济论坛的《指数气候行动路线图》指出，在未来，“连通性”将越来越成为许多“良性”气候解决方案的关键因素，即那些能够对温室气体减排产生“指数效应”的解决方案中，领先的数字技术将在将全球碳排放量减少到15%方面发挥关键作用。云计算在降低成本、灵活性和效率方面隐含着无限的潜力。一方面，云计算使得传统工农业生产过程的数据收集、监测以及物流信息都可以在线化，不仅可以提高效率还能节约资源；另一方面，通过改造网络本身的基础设施，集中优化系统各个设备，从而减少云计算本身的二氧化碳排放。

国际分析机构IDC建立了一套追踪数据中心碳排放的模型。该模型使用了IDC长期以来对IT市场数据追踪的历史积累，包括服务器

数据、云计算数据、软件部署的数据等，以及部分第三方数据如数据中心电力使用、每千瓦时二氧化碳排放量等，从而得出云数据中心和传统数据中心碳排放的比较信息。以此研究方法得出的报告《全球云计算二氧化碳减排预测（2021–2024）》预测：未来几年中，采用云计算可以减少超过 10 亿吨二氧化碳的排放，而这一数字超过新能源汽车带来的二氧化碳减排量。同时，也以确定的数字对比出 2020 年的碳减排量。通过使用云计算减少的二氧化碳总量，相当于减少了近 2600 万辆燃油汽车上路。这个减碳量超过了一辆 2019 款特斯拉 Model S 汽车在地球和火星之间往返 2.5 万次里程所对应的排碳量。

数据中心是维系数字化时代的核心，数据中心的耗电量也是十分巨大的，因此，“绿色数据中心”是近年来数据中心实现减碳的建设方向。在 2021 年 5 月举办的 2021 阿里云峰会上，阿里云智能总裁张建锋在发布“零碳云”计划就提到过，云计算本身就是一种绿色技术，提高了社会整体的 CPU 利用率。通过聚集计算资源、转移工作负载，云的资源利用率是企业自建机房的 5–10 倍，同时可以更好地利用风能和太阳能等清洁能源。具有多租户特点的绿色云计算减少了整体能源使用和相关的碳排放。离散的数据中心容易出现预测的需求增长和高峰负载过大而导致实际能耗过剩的问题，但大规模数据中心可以更有效地管理电力容量、优化冷却、利用节能服务器并提高服务器利用率。此外，各个企业根据自己的需求选择其中的服务，各取所需，实现资源的高效利用。关注人类地球未来，应对气候危机，也与微软的公司愿景不谋而合。2020 年，微软公司高管们共同承诺公司将在 2030 年实现碳负排放，为此，采取了一系列技术创新来支持这一目标的实现，如利用微软智能云 Azure，用数据洞察帮助全球科学家检测、建模和管理地球的自然资源，共同应对挑战。阿里巴巴集团也宣布阿里云将在2030年前全面实现碳中和，为全社会提供绿色的云计算基础设施。

相信随着各种技能技术越来越成熟，会有更多的云服务商推出自己的碳中和计划，“云减碳”的队伍也会更加壮大。云计算是数字化与低碳发展的新引擎，现有的绿色实践都只是开始，正确处理好发展和节能的关系，绿色计算会有更深的探索和更广的实践，“零碳”不会是遥不可及的愿望。

二、大数据：引导企业科学决策，养成居民绿色出行

“生态文明建设”一词近年获得越来越多的关注，十九大报告全面阐述了加快生态文明体制改革、推进绿色发展、建设美丽中国的战略部署，其不仅与碳中和的目标相契合，也为未来中国推进生态文明建设和绿色发展指明了路线图。企业要向绿色经济方向发展，居民生活要向低碳方向迈进，离不开大数据准确挖掘数据价值、串联隐藏规律。推动经验判断向科学决策转变，共建共享生态未来是今后数字时代的特征。

以现在科技发展的速度，越来越多的家用电器带有传感器，并能使数据在能源公司、家庭智能仪表和电器之间进行传输不是一件遥远的事。传感器连接到互联网上，工作人员根据传输回来的数据进行分析处理，即可对单个设备的能耗进行检测和调整。及时减少能源的浪费，进而减少二氧化碳的排放。时空大数据作为物联网、遥感卫星、空间与定位数据的集合，不仅能在碳排放方面进行监测、溯源和改进起到量化监管的作用，并能为绿色再生能源的产业体系构建提供数字化指导。

森林碳汇是目前最为重要的碳消除途径之一，通过高分辨率的遥感卫星网络和实时数据获取分析，高频监测维护森林生态、及时预警森林火灾、限制人类活动，保持和发展森林蓄积量，是实现碳中和的关键环节。遥感反演可深入裸露土地、城市道路、建筑施工裸地、重点排放单位进行碳排放的动态监测，一旦发现碳排放异常点，可及时进行确认和修复；时空监测手段对其变化信息的实时动态获取，都将为维护生态、促进碳吸收，起到高效监管的作用。政府和相关企业在监测到异常数据后，经过综合研判进而调整温室气体排放的整体规划，提高科学决策速度。

与公众消费比较密切的绿色出行也离不开大数据的支持，互联网平台通过大数据处理技术，能为用户提供最优的出行路线，无论是时间最短、距离最短都能满足用户需求。政府、企业与互联网公司高质量数据合作共享，是未来城市智慧交通发展的必然趋势。政府的专业交通数据，如信号灯配时、动态停车、卡口、气象、交通信息等，结合互联网公司强大的大数据分析和云计算能力，融合各类数据，打通信息壁垒，有效运用多元数据，为用户提供最满意的出行方案。此外高德等网约车平台，通过拼车、顺风车等功能同时满足不同用户需求。大数据、互联网快速整合实时下单信息，实现高效匹配。这类订单能有效减少各自打车而产生的碳排放。据艾媒咨询发布的《2021 年上半年中国共享出行发展专题研究报告》显示，有 40.96% 的用户使用网约车的频率是每周使用，同时有 30.46% 的用户不定时的，有需求才会使用网约车。网约车的使用频率较高意味着私家车的出行率在一定程度上会减少，网约车便利、舒适、快捷的特点高度符合当前消费者的需求，这一行业将会为碳中和的实现贡献更多力量。

2020 年和 2021 年的极端天气已经让人们意识到气候变化的严重

性，碳中和看似遥远，但实际和每个组织、每个个体密切相关。中国提出 2030 年碳达峰 2060 年碳中和，也是怀着无比勇气与决心对全球做出的大国承诺：2021 年中国发展高层论坛发布的《助力新达峰目标与碳中和愿景》指出：必须坚持沿着将气温上升控制在 1.5℃框架内的可持续发展之路，在 2050 年之前实现 75%–85% 的碳减排。这些数字说出来很容易，在我们看来也仅仅有关时间和温度，但实现这些数字的背后需要付出难以想象的努力，这也正是我们每个人需要思考并为之付出努力的目标。

三、物联网：万物互联，多方协同

2021 年 2 月，国家自主贡献（NDC）初始综合报告评估了缔约国国家气候行动计划的进展，联合国秘书长古特雷斯在此报告的调查结果中指出，“今天，《联合国气候变化框架公约》的初始报告对我们的星球是一个红色警报。这表明各国政府远远没有达到将气候变化限制在 1.5 摄氏度和实现《巴黎协定》目标所需的雄心。”同时报告发现，即使某些国家加大了努力，但综合影响仍然远远达不到要求。为此他强调，决策者必须言行一致，长期承诺必须与立即行动相辅相成，以启动人类和地球迫切需要的“十年转型期”。前期报告的结果并没有达到预想的结果，因此，现在必须加快步伐，有效利用各种资源，利用科技的力量，进一步加强节能减排。

减少二氧化碳排放的直接表现是保护环境，首先要对环境情况了如指掌，这样才有制定方针、政策的现实依据。随着传感器、物联网、边缘计算等技术的发展，环境传感网络也逐渐完善，它能对环境变化进行实时感知、数据提取和精确分析，从而实现对环境情况的准确摸排。物联网通过传感器感受世界中的各种变化，就像是数字世界在物理世界的触角或者神经末梢，各种小目标的单独传感器集合在一起形成的物联网将能记录生活中各种数据，综合起来就是巨大的资源宝库，为更大范围的环境保护带来有效的推动。

我国的碳排放来源主要集中在电力、建筑、工业、交通、农业等多个领域，在碳中和的目标下，各类物联网企业是碳中和的重要参与者和引领者，充分发挥科技优势，节约能源，提高效率，是物联网行业为碳减排作出的努力。在风电发电机组设备层面，已经大量使用物联网技术进行数据分析。运用温度、振动、位移，风速等更多种传感器，使风电机组具备了更强的感知能力，可多维度采集相关数据。对风机的数字化建模能预知运行状态，判断是否健康，从而进行预防性维护和维修。越来越多的光伏发电项目正在推进，物联网使光伏系统的相关人员能够可靠、实时地访问数据。此外，物联网方案还有利于更加高效的远程管理资产，实时了解光伏的总体发电效能。据清华大学建筑节能研究中心早期的研究结果显示，从 2000 年到 2010 年，我国建筑运行商品用能从 2.89 亿吨标准煤增加到了 6.77 亿吨标准煤，建筑能耗在我国能源总消费量中所占的比例已从 20 世纪 70 年代末的 10% 上升到 27.45%，预计 2020 年将达到 35% 以上。故而，建筑节能与绿色建筑逐渐得到了政府与行业的高度重视。物联网系统赋能智能建筑的全生命周期管理，推动建筑楼宇走向智能化、绿色化。物联网系统将各个分离的智能系统整合起来，进行全面集中管理，包括空调系统、新风系统、照明系统、能源计量监测和 PM2.5 浓度监测等。能耗精细化监测，异常情况实时化洞察，建筑的持续节能将不是愿望。交通产业也是脱碳能力较高的行业，根据密歇根大学的一项测算，相较于非自动驾驶车辆，搭载车间通信系统的自动驾驶车辆通过地图线路优化及刹车制动优化，节能效率达到19%。公路物流作为行业领先的物联网科技平台，G7发现有很多不良驾驶习惯会造成油耗增加，可能是一次不恰当的踩刹车、一次随性的紧急加速、长时间的发动机空转。G7 EMS系统实时获取的26项发动机数据，可以找出同一车辆不同线路下的油耗差异原因。根据测算，G7通过强大的IoT能力和平台上的大数据基础，实现了每年减少碳排放上亿千克。这些行业都是急于脱碳的领域，同时也具备了脱碳的巨大潜能，物联网、人工智能等技术正在赋能千行百业，多方发力，共同为“碳中和”目标努力。

碳中和的道路任重道远，目标的实现也不是一朝一夕的事情，我们要保持乐观的心态，相信数字化带给我们的远不止生活中的便利，而是在节能增效的基础上最大程度减少温室气体的排放。物联网使万物互联，让多方协同，共同改善全球环境。

四、移动互联网：提供绿色平台，宣传低碳理念

互联网的成功不只是因为多种网络技术的融合，对企业的组织方式、生产方式的重塑和改革才是在各行业占得一席之地的关键。互联网技术的飞速发展，几乎覆盖了日常生活中的各种消费行为。各种互联网企业抓住机遇，创造多种基于网络的绿色低碳生活场景，也推出不少新的公众参与平台和模式。互联网的普及，让公众在线就可以实现购物、教育，用户规模和在线活跃度明显增加，互联网平台日益满足着公众的多样化需求。基于信息化和数字化等技术，共享单车、智能地图、远程会议等领域都为公众提供了现代化的低碳行为方式。其次，旧物回收、二手商品买卖、绿色租赁等打破了空间限制，将线下交易搬到线上，降低了消费者参与的门槛，且能及时更新交易情况。

现阶段各种二手交易小程序纷纷上线，公众可以根据喜好选择自己心仪的平台，足不出户实现商品交易，节约时间和经济成本。

互联网不仅是提供多种绿色低碳行为的平台，还是宣传绿色理念的广阔空间。接受理念进而付出实际行动永远都是一个挑战。传统意义上的促进公众践行绿色低碳行为主要采用线下物质刺激和分发传单、张贴海报等形式，形式单调，对年轻人的吸引力和宣传效果都不大，难以达到对全年龄段的人群宣传的目的。互联网平台能够极大地激发公众参与性，新型激励手段包括三大类，一是用户授权各类 APP 后，可以及时获得自己低碳行为的反馈，随时了解环保参与进展情况；二是利用社交平台广泛传播绿色低碳理念，带动、吸引周围人群践行；三是通过现代科技手段提供技术支持，公开公众的低碳行为所获得的环境保护的实际效益，让公众充满获得感和自豪感，坚信长期践行将会是一件十分有意义的事。

低碳出行是一种以低能耗、低污染为基础的绿色出行，倡导在出行中尽量减少碳足迹与二氧化碳的排放。网约车、共享单车是城市绿色交通出行的新兴形式不仅可以提高公众出行效率，还能降低能耗。尤其是共享单车，路况复杂、汽车出行不便时，它就是一个随时随地出行的好选择。手机“扫一扫”二维码就能享受互联网带来的便利，同时还能为二氧化碳减排作出贡献。绿色消费也是碳中和目标中的一个重点领域，互联网在此方面也找到了发力点，一是引导消费者选择绿色产品。互联网使消费者获得产品绿色信息的成本显著降低，使绿色产品的社会功能、绿色责任以及相对优势等能够被广大的消费者群体接受。二是根据消费者的绿色消费行为进行激励，如在全国盒马门店购物时不购买塑料袋即可获得蚂蚁森林绿色能量。旧物回收也是用户在线活跃度很高的一项活动，它能够有效提升资源利用效率，减少碳排放。年轻人在这一人群用户中占据了很高的比例，似乎已经成为年轻人生活中的时尚。二手商品交易既可以节约资源，避免浪费，还能保护环境，互联网技术更是拉动了更多人参与到这一绿色可循环的生活方式中。

互联网具有即时性、便利性、兼具社交性的特点，在很大程度上影响了公民的生活方式，一方面提供平台和软件促进绿色出行、旧物回收，为直接减少碳排放作出贡献，另一方面利用社交网络和奖励机制倡导绿色低碳理念。公民绿色低碳行为的增加趋势较为明显，基于互联网平台的绿色低碳行为正在成为一种潮流。二氧化碳排放过量导致的全球环境问题，严重威胁着人类的生存与发展，碳中和、碳减排不是一部分人的利益，全社会都应该积极参与其中，只要每一个人改变日常的生活习惯，碳中和的梦想就不会遥远。

五、人工智能：高效学习，精准预测

未来，人类行为与生产关系将与机器深度协同，我们将与身边的事物建立起智能共生的关系。2018 年《政府工作报告》指出，发展壮大新动能，要“加强新一代人工智能研发应用……发展智能产业，扩展智能生活，建设智慧社会。运用新技术、新业态、新模式，大力改造提升传统产业”。人工智能带来的高效率、低能耗、高准确性等优势，将为碳中和提供重要助力。设计特定的模型、算法进行分析、预测，是人工智能发现新规律的重要手段。

《标准报》1 月 26 日报道，波士顿咨询公司研究报告显示，人工智能在应对二氧化碳排放、防止气候变暖领域存在巨大潜能。到 2030 年，目前大气中存在的 530 亿吨二氧化碳可通过人工智能技术减少5%–10%，约合26亿–53亿吨，占全球计划减排量的很大比重。国际人工智能领域知名学者、微软亚洲研究院副院长刘铁岩说“现在很多情况下，我们都是靠各级政府来上报碳排放是什么状况、污染控制情况怎么样，准确度可能还不够高。如果我们能够用好卫星遥感数据，其实是可以反过来精准计算出各个地区的碳排放有什么变化。有了一系列相对准确的数据，政府做决策就不是盲人摸象了，而是有的放矢。”急剧变化的全球气候也催生了很多新技术，因此，在走向碳达峰、碳中和的过程中，人工智能在很多环节都能发挥其创新应用。

人工智能和机器学习算法可以用于冰面分析，以测量随着时间的推移而发生的变化，为减缓冰川融化提供数据依据，可以用于帮助研究人员以精确的布局种植新的森林，并最大限度地吸收碳排放。植树造林可以吸收更多的碳、使用清洁能源可以减少排放碳，对于一些无法吸收的碳，可使用碳捕捉和碳封存（CCS）的方法促进碳中和目标的实现。在CCS环节中，人工智能技术同样有发挥作用的空间。选用便宜有效的碳吸附材料一直是该技术中的难题，用“强化学习”来做材料的搜索，取得了一些阶段性成果。吸附后的二氧化碳要妥善储存，长期性、密封性、稳定性是非常重要的因素，碳储存的过程不是简单的物理过程，二氧化碳会和岩层里的一些化学成分发生反应，这个反应过程需要模拟，才能知道把二氧化碳注入这个地区是不是稳定的。简单的物理模型是很漫长的，数值模拟加人工智能加速仿真，然后进行预测可以提高效率和准确性，使最终效果全面提升。

工业生产、物流和建筑材料是碳排放难以消除的主要原因。幸运的是，得益于传感器和其他数据收集机制（例如二维码和图像识别）的成本和门槛的降低，全球工业部门每年花费数十亿美元收集了工厂和供应链上的数据。有了大量的数据，再加上价格合理的云存储和云计算，使得工业成为机器学习对气候产生积极影响的绝佳场所。机器学习可以帮助简化供应链、提高生产质量、预测机器故障、优化加热和冷却系统，以及优先使用清洁能源而不是化石燃料来减少全球排放量。作为全球最常用的搜索引擎，Google 必须满足用户需求、确保用户体验。碳中宝研究所的行研报告显示，Google 数据中心每秒平均处理多达 63000 次搜索，服务器处于冷却环境是系统正常运行的前提，制冷过程中消耗的能源以及排放的二氧化碳也是不可忽视的。在过去的几年中，Google 与位于伦敦的子公司 DeepMind 合作，测试了优化其冷却系统的算法。使用此算法节约了多达 40% 的能源，并大大减少了它的碳足迹。到 2018 年，谷歌已委托 AI 管理其所有数据基础架构。

2021 年 2 月联合国发布的一份气候变化报告显示，各国采取的气候行动与遏制全球气候变暖所需的行动水平仍然相差甚远。这一现状更给每个人敲响了警钟，因此，未来将是各种数字化技术综合运用的时代，尽管某些技术尚未成熟，但人类在应对气候变化、环境危机的征途中，依然会努力探索，竭尽所能。

六、区块链：为碳减排保驾护航

IPCC 第四次评估报告表明，在全球普遍进入工业化的近 100 年来，地球地表平均气温，升高了 0.74℃。据预测，从人类工业时代开始到 2100 年，全球平均气温的最可能升高幅度是 1.8℃至 4℃，海平面升高幅度是 19 厘米至 58 厘米。能否在更大的气候灾难来临之前，通过采取措施控制温室气体排放，解决气温升高问题还是未知。在“2060 年前实现碳中和”愿景的牵引下，我国将采取更高标准、更严要求，推动各地 “做好碳达峰、碳中和工作”。数字经济的发展已经深入到各个领域，《巴黎协定》签订之后的五年，数字化与碳减排吸引了越来越多的关注，区块链技术将发挥更大作用，为碳减排保驾护航。

为了应对气候变化这一全球性挑战，迄今为止的大部分做法都集中在气候协议上，协议的目的是建立一个可交易的碳市场。除国家分配的碳配额交易市场外，自愿性的碳市场也取得了一些进展，其做法是允许企业通过资助认证的温室气体减排项目抵消碳排放，如能源效率项目、可再生能源项目或雨林恢复等项目。碳交易市场是未来重要的发展方向，也是国家重要的战略领域。“十二五”是试点先行，“十三五”是为全国碳市场打基础，“十四五”则是具有里程碑意义的时期，碳市场将实现从单一行业到多行业纳入、从启动交易到持续平稳运行。目前，世界碳排放市场规模已经达到了每年约 1000 亿美元，但从世界范围来看，这些交易主要来自欧洲和美国的政府和大公司的场外交易或中心化的地域交易所。而 2015 年签署的《巴黎协定》希望建立更为广泛的国家内部和国家之间的碳市场，这就必须需要对碳排放量和碳清除量进行更为透明和准确的核算。传统模式下的碳排放交易系统下，交易信息不对称、交易过程不透明都可能导致暗箱操作、数据造假等问题，别有用心之人容易利用这些漏洞从中牟利。其次，交易流程繁杂、监管成本过高也使得市场活跃度一直低下。市场低迷将会直接影响交易量，企业丧失交易信心，对碳减排将会是难以挽回的损失。区块链能为现有市场提供更大可信度和更大规模，已经成为促进碳市场焕发新活力的有力手段。

加拿大的气候区块链基金会就是为了响应《巴黎协定》而创建的非营利初创公司，专注于改善全球碳市场及致力于打造连接加拿大碳账户的区块链工具。气候区块链基金会还专门为此开发了一种名为“唯一可调换代币”（Unique Fungible Tokens，缩写为 UTF）的新型代币草案规范，UTF 包含每个积分的唯一信息，例如积分的原产地（诸如重新造林或可再生能源项目），唯一信息可用于验证碳积分额的真实性，而同时又可以对代币进行调换处理，因此可以有许多 UTF 可用于交易，从而创造碳积分的市场流动性。基金会创始人 Joseph Pallant 有以下的解释，“我们希望支持和加速该目标，建立起一个智能合约协议，用于跟踪 ITMO，利用以太坊技术堆栈和规模达到适应全球各个国家使用。每个代币都包含了足够的数据，因而每吨减排量的出处和合格性都非常明确。” 不止加拿大，其他国家也看到了区块链在碳减排中的巨大潜力，争相利用区块链开拓新市场，加快走向低碳世界的步伐。

保证碳交易市场的公平和透明只是区块链的一个功能，对于节能减排的应用还体现在很多方面，例如加强减少碳排放行动力度，更好地融资保护环境。区块链能够实现对气候影响的监测检查，提升减少碳排放的透明度、可以追溯，实现减少碳排放参与者之间信任。利用区块链记录碳足迹，全追踪让每个环节的数据都清晰可见，增强可信度。还能监测企业废弃物排放、环保履约情况等，实现减少碳排放、减少温室气体排放、人与环境和谐发展的良性循环。

人类家园只有一个，因此环保无小事。利用区块链去中心化、不可篡改、数据回溯等技术优势，可以逐步改善修正环保激励机制。同时，在区块链的引入下，碳交易市场会变得更加活跃，更加调动企业加入自愿减排队伍的积极性，对整个碳市场产业链的重组、重构都有深刻影响。

第七章
推动绿色智能智造

制造业是国民经济的主体，是立国之本、兴国之器、强国之基。2015年，国务院正式印发《中国制造2025》，将其作为我国实施制造强国战略第一个十年的行动纲领。《中国制造2025》坚持把创新摆在制造业发展全局的核心位置，促进制造业数字化、网络化、智能化；把可持续发展作为建设制造强国的重要着力点，加快制造业绿色改造升级。在碳中和的战略背景下，为全面落实《中国制造2025》战略部署，党中央以绿色制造体系建设和数字化创新为抓手，推进制造业绿色低碳升级、高效智能转型，助力推进我国由制造大国向制造强国转变。全面推行绿色制造、智能制造是建设生态文明的必由之路，也是参与国际竞争的先导力量。在推进制造业的绿色化、智能化进程中需贯穿全生命周期管理理念，将全生命周期评价作为绿色制造标准体系的建设核心，使数字智能技术服务于制造业全生命周期的各个阶段。

“十四五”及未来相当长一段时期，推进智能制造，要立足制造本质，紧扣智能特征，以工艺、装备为核心，以数据为基础，依托制造单元、车间、工厂、供应链等载体，构建虚实融合、知识驱动、动态优化、安全高效、绿色低碳的智能制造系统，推动制造业实现数字化转型、网络化协同、智能化变革。到 2025 年，规模以上制造业企业大部分实现数字化网络化，重点行业骨干企业初步应用智能化；到 2035 年，规模以上制造业企业全面普及数字化网络化，重点行业骨干企业基本实现智能化。

一、绿色制造的发展之路

“十三五”期间，为贯彻落实党中央、国务院关于生态文明建设的决策部署，牢固树立“创新、协调、绿色、开放、共享”的新发展理念，促进全国全产业链和产品全生命周期绿色发展，工业部发布《工业和信息化部办公厅关于开展绿色制造体系建设的通知》，指出要以绿色工厂、绿色产品、绿色园区、绿色供应链的建设为重点，推进开展绿色制造体系的建设工作，全面推进绿色制造。同时，为量化绿色制造产业发展水平，推动高质量绿色制造体系建设，《工业绿色发展规划（2016–2020 年）》《国务院关于印发“十三五”生态环境保护规划的通知》等多项文件中提出总体目标，要在“十三五”期间实现“创建百家绿色园区、千家绿色工厂、开发万种绿色产品，主要产业初步形成绿色供应链”的美好愿景。

2020 年迎来“十三五”的收官之年，面对极其严峻复杂的国内外形势，中国工业经济展现出强大的韧性和旺盛的活力，绿色制造体系建设取得全面进展，结构性节能减排成果斐然。上海市经济和信息化委员会表示：“十三五”期间，我国规模以上企业单位工业增加值能耗下降 16%，万元工业增加值用水量下降 30%；累计创建 2121 家绿色工厂、171 家绿色园区、189 家绿色供应链示范企业，开发 2170

种典型绿色设计产品，推广节能、节水、再制造、综合利用、中国RoHS等在内的绿色产品近2万种，完成了“千家绿色工厂、百家绿色园区、万种绿色产品”目标。绿色制造体系已形成基本规模，工厂、产品、工业园区、供应链等领域绿色制造典型不断壮大。

取得的阶段性胜利为制造业绿色发展和绿色制造体系建成奠定了坚实的基础。昂首迈入2021年，习近平总书记在中央财经委员会第九次会议上强调，“十四五”要实施重点行业领域减污降碳行动，工业领域要继续重点推进绿色制造。身处“十四五”这一实现“双碳”愿景的关键期、窗口期，围绕制造强国和网络强国的奋斗目标、实现途径和重点任务，国家正积极出台“十四五”及中长期工业和信息化的相关规划。规划将以绿色制造和智能制造的深入实施及融合发展作为重要抓手，加快数字技术在绿色制造、清洁生产领域的应用，提升绿色技术创新、绿色制造的数字化水平，推进我国制造业向“三化”，即“高端化、智能化、绿色化”方向转型升级。

二、全生命周期管理贯穿绿色制造

绿色制造是一个基于全生命周期理念，综合考虑环境影响和资源效率的现代制造模式。绿色制造的关键就在于对产品全生命周期的把控，即在产品设计、原材料采购、生产、运输、储存、销售、使用、报废处理、回收与再利用的全生命周期中贯彻绿色、高效的新发展理念，争取实现对生态环境的负面影响最小，对资源能源的利用效率最高，协调优化企业经济效益与社会效益。然而基于全生命周期的绿色制造不仅需要观念上的变革，更需要技术层面的应用落地。全生命周期评价（Life Cycle Assessment）作为一类重要的面向产品系统的环境管理工具，能为政府和企业获取产品系统的环境影响提供技术支撑，这对推进我国生态设计与绿色制造，最终落实“双碳”愿景发挥基础性和核心性作用。

（一）产品全生命周期评价的实施框架

全生命周期评价最早起源于 1969 年，美国中西部研究所受可口可乐公司委托，对饮料包装进行了从原材料开采到废弃物最终处置的全生命周期的过程跟踪和定量分析。联合国环境规划署将全生命周期评价定义为“评价一个产品系统生命周期整个阶段——从原材料的提取、加工，到产品生产、包装、市场营销、使用、再使用和产品维护，直至再循环和最终废物处置的环境影响的工具”。全生命周期评价被国际标准组织纳入 ISO14000 环境管理系列标准，并在 ISO14040 中被定义为“对一个产品系统的生命周期中输入、输出及其潜在环境影响的汇编和评价”。ISO14040 还提供了全生命周期评价的基本框架和流程，用于指导开展全生命周期评价，具体包括四个步骤：目的与范围的确定、清单分析、影响评价和结果解释。

1. 目的与范围的确定

第一步是对全生命周期评价研究的目标和范围进行界定。主要说明进行全生命周期评价的原因及应用意图，并明确系统的功能单位、边界、数据分配、研究的环境影响类别等。目标与范围的确定直接决定全生命周期评价研究的深度和广度。对于同一产品，根据研究目的的不同，研究范围也可能需要进行调整。

2. 清单分析

第二步是为研究系统中的输入和输出数据建立清单的过程。清单分析主要包括数据的收集和计算，进而将产品系统相关输入和输出量化。首先根据目标和范围建立生命周期模型，并将整个产品系统划分为相互联系的各个单元（一般被共性地划分为原材料获取加工、运输、产品生产、消费、最终处置），明确各单元过程的物质及能量流动。然后对各单元过程的物质及能量流动的数据进行收集，并对数据进行计算汇总得到产品全生命周期的清单结果。通常向系统中输入的是原材料和能源，输出的是产品和向空气、水体、土地中排放的废物（包括废气、废水、废渣、噪音）。

3. 影响评价

第三步是根据清单分析的结果，通过影响分类、特征化、量化评价"三步走"的思路，定性、定量地对产品生命周期中输入输出的潜在环境影响进行评估，并说明各生命周期阶段或各类输入对人类健康影响、生态影响及资源消耗等环境影响的贡献程度。

4. 结果解释

第四步是基于清单分析和影响评价的结果识别出产品生命周期中的环境热点环节，即对结果进行评估（完整性、敏感性和一致性检查），加强结果的可信度，最终给出结论、局限性及改善建议。

全生命周期评价系统化、定量化的特点，避免了环境问题在各生命周期阶段或各影响类别之间的转移。统一的国际标准（ISO14040系列）和国家标准（GB24040系列）为全生命周期评价的开展提供了规范和权威的指导；普适性使其能为各种技术性、管理性或政策性的决策提供定性、定量的环境信息支持。

（二）产品全生命周期评价推动制造业绿色转型

随着我国工业绿色发展的深入推进，以产品全生命周期作为主线的标准体系建设正在加快完善。《中国制造 2025》明确提出强化产品全生命周期绿色管理，努力构建高效、清洁、低碳、循环的绿色制造体系。支持企业开发绿色产品，推行生态设计，显著提升产品节能环保低碳水平，引导绿色生产和绿色消费。相关战略部署在工业和信息化部牵头制定的《工业绿色发展规划（2016–2020）》《绿色制造工程实施指南（2016–2020）》等政策文件的指导下得到完善落实。《绿色制造工程实施指南（2016–2020）》明确提出，要按照产品全生命周期绿色管理理念，遵循能源资源消耗最低化、生态环境影响最小化、可再生率最大化原则，大力开展绿色设计试点示范。并提出了完善全生命周期绿色标准以及建立全生命周期基础数据库的任务要求。如果说推动制造业绿色转型是提升我国制造业竞争力的必然途径，是实现制造业升级改造的关键环节和有力抓手，那么全生命周期评价则是落实制造业绿色转型的重要工具，是实施绿色设计和绿色制造的关键和共性基础技术。全生命周期评价在我国制造业的绿色低碳转型进程中起着基石性作用，绿色制造体系中“绿色产品”“生态设计”“绿色供应链”等方面的开发都需要全生命周期评价这一重要手段为其服务。

纺织行业作为典型环境敏感型和资源依赖型的传统制造业，亟待绿色转型升级。2020 年“中国纺织服装行业全生命周期评价工作组”的正式成立，体现了中国纺织行业为推进绿色制造工程深入发展所做出的努力。工作组成员涵盖纺织服装行业的供应链端、采购端和消费端，通过调查开发出适应中国纺织工业的全生命周期评价分析工具、本地化环境数据清单以及信息披露体系，实现了相关产品环境指标的标准化测定和生态分析。以“全生命周期评价”为工具，实现对生产到消费全价值链产品绿色属性的追溯与价值挖掘，分析绿色产品以及绿色供应链的节能减排成效及管理优化的路径，强化产业链与价值链双向协同绿色治理，是持续推动制造业清洁高效发展的科学方案。

由于减排潜力巨大，汽车制造业的绿色低碳转型同样备受关注。《中国汽车产业发展报告（2020）：面向2060年碳中和目标的中国汽车产业低碳发展道路》中采用全生命周期评价的方法综合量化和评价汽车从原材料开采到报废回收的整个生命周期内的资源消耗和环境排放，为汽车行业的绿色转型发掘新机遇。评价结果显示，燃油经济性、车身轻量化技术、电动化转型等都对汽车制造业的低碳发展起着重要影响。因此开发节能技术，开展轻量化、模块化、无（低）害化的产品设计，推动高性能、高能量密度的动力电池应用，将成为未来加快汽车制造业的污染物削减，降低车辆全生命周期碳排放，推动汽车行业绿色低碳转型的绿色制造技术支持。

在碳达峰碳中和背景下，绿色制造将更多以“碳减排量化”为焦点落实各项转型行动。全生命周期评价将协助完成产品及供应链的碳排放数据的精确量化及披露，并识别出影响碳减排的关键环节。面对形势复杂的国际市场环境和绿色贸易壁垒的挑战，积极开展全生命周期评价，为企业跟踪环境绩效、优化碳减排目标提供实现路径，为绿色产品和绿色供应链管理提供技术支撑，为加快绿色发展进程、助推我国制造业高质量发展献计献策。

三、绿色智能制造离不开数字技术

如果说绿色制造是高质量绿色发展的必然选择，那么智能制造则是落实高质量绿色发展的重要手段。制造业的转型升级需要智能制造、绿色制造双翼齐振——绿色制造助力低碳化、节能化发展，智能制造聚焦降本、提质、增效，两者相互补充、相互促进才能真正实现绿色制造的智能化发展。随着以智能化为核心的“工业4.0”和《中国制造 2025》的深入推进，制造业向智能制造发展的产业升级需求更是不断增强。2021 年国家发展改革委等部门共同发布《关于加快推动制造服务业高质量发展的意见》，提出要利用 5G、大数据、云计算、人工智能、区块链等新一代信息技术，大力发展智能制造，实现供需精准高效匹配，促进制造业发展模式和企业形态的根本性变革。

数字技术助力绿色工厂实现能源、资源和生产效率的最优化。三菱电机自动化机器制造（常熟）有限公司充分借助物联网和工业自动化技术，将生产计划与能源管理系统进行联动。通过实时收集制造现场的温度、湿度、照明、电压、电流等数据，以及系统解析结果，实时控制空调、加湿器等设备的运行，消除不必要的能源浪费。自 2015 年导入该系统以来，工厂整体能源效率提高了 10% 以上，单台产品制造用能降低了 27%，为行业推动“绿色智造”贡献了宝贵经验。西门子的数字化智能化车间能利用数字孪生技术在虚拟空间中完成对真实车间的数字映射，仿真模拟出人、事、物在全生命周期中的能耗和能效，依托虚拟调试功能优化生产制造中绿色材料、绿色调度、绿色工艺的选择，完成资源合理配置、工艺合理优化，实现从任意环节出发都能供给集成化解决方案。

数字技术追踪全生命周期碳排放，保障环境信息质量。以区块链技术为核心对全生命周期的碳排放数据进行监管，易于形成统一的计算、转发、存储能力并持续沉淀数据，实现数据完整性、透明性、精确性、完备性、可比性和一致性、避免双重核算等功能。其去中心化、去信任的特点，可以有效保障数据的公开透明及不可篡改，同时保证数据真实性和可追溯性，从而打通数据壁垒，实现数据增信。例如，时尚品牌 Covalent 已宣布将 IBM 区块链技术应用于负碳 AirCarbon 产品的环境信息追溯。绿色产品在生产制造生命周期的信息都被记录在区块链上，且不可被篡改。因此，通过每件产品的专属区块链编号，消费者能追踪该产品的生产制作步骤，查看经第三方验证的产品碳排放。在区块链技术保障的高信任度下，消费者能对比绿色产品的环境效益，进而实现最优化选购。除消费端，生产端也能受益于数字技术的绿色效益，区块链技术世界经济论坛（WEF）与七家主要的矿业和金属公司合作发出“矿业和金属区块链”倡议，旨在使用分布式账本技术更准确地追踪整个矿业和金属行业价值链的碳排放。海尔卡奥斯工业借助区块链技术实现家电回收系统信息的实时监测和在线核查，力争零差错、零漏项。

数字技术打破数据孤岛，协助绿色供应链管理。在绿色供应链管理方面，由于我国的制造业自动化和数字化发展历程较短，信息基础设施建设较为薄弱，产品全产业链的数据难以统一获取、管理。区块链技术重构供应链系统，能高效便捷地获取全生命周期的数据，协助企业对供应链、价值链进行统筹规划；实现跨主体之间的协同合作，协助生产能力的灵活共享分配，以及供应链上下游商家的灵活撮合调配。此外还能助推全产业链协同智能化发展，这对推动产业数字化深度转型升级，进一步推动新型价值体系建设有着重要意义。美国CSIS的报告显示，通过区块链技术可以对每个生产阶段的工业耗能进行监督，进而实现节能布局。借鉴美国经验，将工业生产过程的各生命周期环节物联网化、区块链化，收集分散的输入、输出信息，打通供应链数据孤岛，为环境足迹数据库的建立及绿色供应链管理提质增效。施耐德电气将“可持续”和“碳排放”纳入对上游关键供应商的考核，使用数字化技术搭建互联互通的网络系统，助力业务可视化，实现实时衡量和监控能耗。同时通过数据融合和分析提升系统效率，从而实现供应链的节能减排，助推制造业绿色化、智能化发展。海尔卡奥斯工业构建了互联互通的智能回收体系，将家电行业回收体系、绿色拆解、循环利用等全产业链的数据信息依托大数据上平台，助推家电行业回收的全产业链管理，提高资源利用效率、减少环境污染，助力绿色低碳循环发展。

在当今全球经济变革和碳达峰碳中和的大背景下，绿色制造和智能制造是制造业升级转型的必由之路和必然结果。制造业数字化、绿色化的深度融合满足了中国制造业绿色低碳和提质增效的双重需求，并将带来一场重大而深刻的变革。迈入“十四五”这一“两个一百年”的历史交汇期，中国制造仍应坚持创新驱动、智能转型、强化基础、绿色发展。瞄准碳达峰碳中和，始终贯彻生态文明的发展道路，构建协同发展新业态；攻关“卡脖子”技术，把握创新发展的新机遇，培育发展新动能。传统制造业应继续探索绿色、智能制造“双转型”的新发展模式，以“绿色智造”谱写新时代高质量可持续发展新篇章。

第八章
践行绿色生活和推广低碳教育

《中共中央、国务院关于完整准确全面贯彻新发展理念做好碳达峰碳中和工作的意见》提出了推进碳达峰碳中和工作的指导思想、工作原则、主要目标和任务举措，明确了要加快形成绿色生产生活方式。大力推动节能减排，全面推进清洁生产，加快发展循环经济，加强资源综合利用，不断提升绿色低碳发展水平。扩大绿色低碳产品供给和消费，倡导绿色低碳生活方式。把绿色低碳发展纳入国民教育体系。开展绿色低碳社会行动示范创建。凝聚全社会共识，加快形成全民参与的良好格局。

一、绿色低碳全民行动

《2030 年前碳达峰行动方案》中明确指出，增强全民节约意识、环保意识、生态意识，倡导简约适度、绿色低碳、文明健康的生活方式，把绿色理念转化为全体人民的自觉行动。

1. 加强生态文明宣传教育。将生态文明教育纳入国民教育体系，开展多种形式的资源环境国情教育，普及碳达峰、碳中和基础知识。加强对公众的生态文明科普教育，将绿色低碳理念有机融入文艺作品，制作文创产品和公益广告，持续开展世界地球日、世界环境日、全国节能宣传周、全国低碳日等主题宣传活动，增强社会公众绿色低碳意识，推动生态文明理念更加深入人心。

2. 推广绿色低碳生活方式。坚决遏制奢侈浪费和不合理消费，着力破除奢靡铺张的歪风陋习，坚决制止餐饮浪费行为。在全社会倡导节约用能，开展绿色低碳社会行动示范创建，深入推进绿色生活创建行动，评选宣传一批优秀示范典型，营造绿色低碳生活新风尚。大力发展绿色消费，推广绿色低碳产品，完善绿色产品认证与标识制度。提升绿色产品在政府采购中的比例。

3. 引导企业履行社会责任。引导企业主动适应绿色低碳发展要求，强化环境责任意识，加强能源资源节约，提升绿色创新水平。重点领域国有企业特别是中央企业要制定实施企业碳达峰行动方案，发挥示范引领作用。重点用能单位要梳理核算自身碳排放情况，深入研究碳减排路径，“一企一策”制定专项工作方案，推进节能降碳。相关上市公司和发债企业要按照环境信息依法披露要求，定期公布企业碳排放信息。充分发挥行业协会等社会团体作用，督促企业自觉履行社会责任。

4. 强化领导干部培训。将学习贯彻习近平生态文明思想作为干部教育培训的重要内容，各级党校（行政学院）要把碳达峰、碳中和相关内容列入教学计划，分阶段、多层次对各级领导干部开展培训，普及科学知识，宣讲政策要点，强化法治意识，深化各级领导干部对碳达峰、碳中和工作重要性、紧迫性、科学性、系统性的认识。从事绿色低碳发展相关工作的领导干部要尽快提升专业素养和业务能力，切实增强推动绿色低碳发展的本领。

2019 年 11 月，为贯彻落实习近平生态文明思想和党的十九大精神，在全社会开展绿色生活创建行动，国家发改委印发了《绿色生活创建行动总体方案》。该方案指出要通过开展节约型机关、绿色家庭、绿色学校、绿色社区、绿色出行、绿色商场、绿色建筑等创建行动，广泛宣传推广简约适度、绿色低碳、文明健康的生活理念和生活方式，建立完善绿色生活的相关政策和管理制度，推动绿色消费，促进绿色发展。到 2022 年，绿色生活创建行动取得显著成效，生态文明理念更加深入人心，绿色生活方式得到普遍推广，通过宣传一批成效突出、特点鲜明的绿色生活优秀典型，形成崇尚绿色生活的社会氛围。

1. 节约型机关创建行动。以县级及以上党政机关作为创建对象。健全节约能源资源管理制度，强化能耗、水耗等目标管理。加大政府绿色采购力度，带头采购更多节能、节水、环保、再生等绿色产品，更新公务用车优先采购新能源汽车。推行绿色办公，使用循环再生办公用品，推进无纸化办公。率先全面实施生活垃圾分类制度。到 2022 年，力争 70% 左右的县级及以上党政机关达到创建要求。（国管局、中直管理局牵头负责）

2. 绿色家庭创建行动。以广大城乡家庭作为创建对象。努力提升家庭成员生态文明意识，学习资源环境方面的基本国情、科普知识和法规政策。优先购买使用节能电器、节水器具等绿色产品， 减少家庭能源资源消耗。主动践行绿色生活方式，节约用电用水，不浪费粮食，减少使用一次性塑料制品，尽量采用公共交通方式出行，实行生活垃圾减量分类。积极参与野生动植物保护、义务植树、环境监督、环保宣传等绿色公益活动，参与“绿色生活 · 最美家庭”“美丽家园”建设等主题活动。到 2022 年，力争全国 60% 以上的城乡家庭初步达

到创建要求。（全国妇联牵头负责）

3. 绿色学校创建行动。以大中小学作为创建对象。开展生态文明教育，提升师生生态文明意识，中小学结合课堂教学、专家讲座、实践活动等开展生态文明教育，大学设立生态文明相关专业课程和通识课程，探索编制生态文明教材读本。打造节能环保绿色校园，积极采用节能、节水、环保、再生等绿色产品，提升校园绿化美化、清洁化水平。培育绿色校园文化，组织多种形式的校内外绿色生活主题宣传。推进绿色创新研究，有条件的大学要发挥自身学科优势，加强绿色科技创新和成果转化。到 2022 年，60% 以上的学校达到创建要求，有条件的地方要争取达到 70%。（教育部牵头负责）

4. 绿色社区创建行动。以广大城市社区作为创建对象。建立健全社区人居环境建设和整治制度，促进社区节能节水、绿化环卫、垃圾分类、设施维护等工作有序推进。推进社区基础设施绿色化，完善水、电、气、路等配套基础设施，采用节能照明、节水器具。营造社区宜居环境，优化停车管理，规范管线设置，加强噪声治理，合理布局建设公共绿地，增加公共活动空间和健身设施。提高社区信息化智能化水平，充分利用现有信息平台，整合社区安保、公共设施管理、环境卫生监测等数据信息。培育社区绿色文化，开展绿色生活主题宣传，贯彻共建共治共享理念，发动居民广泛参与。到 2022 年，力争 60% 以上的社区达到创建要求，基本实现社区人居环境整洁、舒适、安全、美丽的目标。（住房城乡建设部牵头负责）

5. 绿色出行创建行动。以直辖市、省会城市、计划单列市、公交都市创建城市及其他城区人口 100 万以上的城市作为创建对象，鼓励周边中小城镇参与创建行动。推动交通基础设施绿色化，优化城市路网配置，提高道路通达性，加强城市公共交通和慢行交通系统建设管理，加快充电基础设施建设。推广节能和新能源车辆，在城市公交、出租汽车、分时租赁等领域形成规模化应用，完善相关政策，依法淘汰高耗能、高排放车辆。提升交通服务水平，实施旅客联程联运，提高公交供给能力和运营速度，提升公交车辆中新能源车和空调车比例，推广电子站牌、一卡通、移动支付等，改善公众出行体验。提升城市交通管理水平，优化交通信息引导，加强停车场管理，鼓励公众降低私家车使用强度，规范交通新业态融合发展。到 2022 年，力争 60% 以上的创建城市绿色出行比例达到 70% 以上，绿色出行服务满意率不低于 80%。（交通运输部牵头负责）

6. 绿色商场创建行动。以大中型商场作为创建对象。完善相关制度，强化能耗水耗管理，提高能源资源利用效率。提升商场设施设备绿色化水平，积极采购使用高能效用电用水设备，淘汰高耗能落后设备，充分利用自然采光和通风。鼓励绿色消费，通过优化布局、强化宣传等方式，积极引导消费者优先采购绿色产品，简化商品包装，减少一次性不可降解塑料制品使用。提升绿色服务水平，加强培训，提升员工节能环保意识，积极参加节能环保公益活动和主题宣传，实行垃圾分类和再生资源回收。到 2022 年，力争 40% 以上的大型商场初步达到创建要求。（商务部牵头负责）

7. 绿色建筑创建行动。以城镇建筑作为创建对象。引导新建建筑和改扩建建筑按照绿色建筑标准设计、建设和运营，提高政府投资公益性建筑和大型公共建筑的绿色建筑星级标准要求。因地制宜实施既有居住建筑节能改造，推动既有公共建筑开展绿色改造。加强技术创新和集成应用，推动可再生能源建筑应用，推广新型绿色建造方式，提高绿色建材应用比例，积极引导超低能耗建筑建设。加强绿色建筑运行管理，定期开展运行评估，积极采用合同能源管理、合同节水管理，引导用户合理控制室内温度。到 2022 年，城镇新建建筑中绿色建筑面积占比达到 60%，既有建筑绿色改造取得积极成效。（住房城乡建设部牵头负责）

目前部分省市和企业已经依托碳普惠机制开展了绿色低碳全民行动的探索。碳普惠是对小微企业、社区家庭和个人的节能减碳行为进行具体量化和赋予一定价值，并建立起以商业激励、政策鼓励和核证减排量交易相结合的正向引导机制。一方面，碳普惠制本质上是一种基于市场价值信号的激励机制；另一方面，碳普惠制能充分调动起公众主动践行绿色低碳行为的能动性。碳普惠机制的意义在于，在区域层面主动对接国家应对气候变化战略，从根本上支撑区域碳达峰、碳中和目标的达成，协同推进环境质量改善；在社会层面带动社会公众践行绿色发展、鼓励绿色低碳行为，以积分为流通载体的机制设计更加简单、灵活，体系也更具有开放性；在企业层面通过需求侧促进供给侧技术创新，激励企业自愿减排，提升企业效益及社会形象。

目前国内碳普惠制运行模式包括了碳普惠试点、碳积分形式以及碳账户形式。其中普惠试点主要有广东省的碳普惠核证自愿减排量以及四川省的“碳惠天府”机制。碳积分形式则主要通过碳普惠会员和商家联盟两种形式进行推广。碳账户形式主要有支付宝推行的“蚂蚁森林”以及深圳的“碳账户 4.0”等。几乎所有的碳普惠运行模式都采用了数字化手段，所采取的激励方式包含了商业激励、公共服务优惠、行政奖励、礼品兑换、公益活动激励、积分抽奖、商业折扣等多种形式。鼓励的低碳行为丰富多样，主要围绕在居民生活的衣食住行中，例如：绿色出行、节约水电气、垃圾分类、低碳消费、回收再利用、电子门票等。

二、绿色学校创建和低碳教育行动

教育部牵头制定《绿色学校创建行动方案》，于 2020 年 4 月和国家发展改革委联合印发。《绿色学校创建行动方案》的制定旨在学校厚植绿色发展理念，加强青少年生态文明教育，着力提升师生生态文明素养，影响和带动全社会参与生态文明建设，为建设美丽中国贡献智慧和力量。方案以大中小学为绿色学校创建对象，各省级教育行政部门担任责任主体，负责本地区各级各类学校的创建工作。各学校是创建行动主体，在各省级教育行政部门指导下落实各项创建内容。

1. 开展生态文明教育。中小学结合课堂教学、专家讲座、参观实践等活动开展生态文明教育，大学设立生态文明相关专业课程和通识课程，探索编制生态文明教材读本。根据不同年龄段学生的认知水平和成长规律，在教育教学活动中融入生态文明、绿色发展、资源节约、环境保护等相关知识，将教育内容与学生身边的、当地的、日常环境相联系，鼓励学生从多角度认识和理解绿色发展。

2. 施行绿色规划管理。在校园建设和改造中，结合当地经济、资源、气候、环境及文化等特点着力优化校园内空间布局，合理规划各类公共绿地和绿植搭配，提升校园绿化美化、清洁化水平。建立健全校园节能、节水、垃圾分类等绿色管理制度，引入信息科技先进技术，加快智慧化校园建设与升级，积极开展校园能源环境监测，有效处理生活及实验室污水，实现校园全生命周期的绿色运行管理。

3. 建设绿色环保校园。积极采用节能、节水、环保、再生、资源综合利用等绿色产品，引导校园新建建筑项目按照绿色建筑标准要求进行设计、建造，有序推进既有建筑绿色化改造和运行。着重从建筑节能、新能源利用、非常规水资源利用、可回收垃圾利用、材料节约与再利用等方面，持续提升校园能源与资源利用效率，深入开展能源审计、能效公示、合同能源管理和合同节水管理。

4. 培育绿色校园文化。支持和引导师生参与组织多种形式的校内外绿色生活主题宣传，对节能、节水、节粮、垃圾分类、绿色出行等行为发出倡议，充分发挥学生组织和志愿者的积极作用，精心开展节能宣传周、世界水日和中国水周、粮食安全宣传周、森林日和植树节等活动，各校要将绿色学校的创建融入校园文化建设，培养青少年学生绿色发展的责任感，提高爱绿护绿的行动力，养成健康向上的绿色生活方式，带动家庭和社会共同践行绿色发展理念。

5. 推进绿色创新研究。有条件的大学要发挥自身学科专业优势，加强生态学科专业建设，大力培养相关领域高素质人才，开展适合当地经济、社会与环境发展的绿色创新项目，通过多学科交叉、大力推进绿色创新项目的研发，推动产学研紧密结合，加强绿色科技创新和成果转化。鼓励学生进行绿色科技发明创造，促进绿色学校建设的科学研究与社会服务实践活动相结合。

2021年7月，教育部印发了《高等学校碳中和科技创新行动计划》，旨在贯彻党中央、国务院重大战略部署，引导高校把发展科技第一生产力、培养人才第一资源、增强创新第一动力更好地结合起来，为做好碳达峰、碳中和工作提供科技支撑和人才保障。主要举措有：

1. 碳中和人才培养提质行动。推进碳中和未来技术学院和示范性能源学院建设，布局一批适应未来技术研究所需的科教资源和数字化资源平台，打造引领未来科技发展和有效培养复合型、创新型人才的教学科研高地。加大在新工科建设中的支持力度，鼓励高校与科研院所、骨干企业联合设立碳中和专业技术人才培养项目，协同培养各领域各行业高层次碳中和创新人才。加强与人工智能、互联网、量子科技等前沿方向深度融合，推动碳中和相关交叉学科与专业建设。加快与哲学、经济学、管理学、社会学等学科融通发展，培养碳核算、碳交易、国际气候变化谈判等专业人才。加快制定碳中和领域人才培养方案，建设一批国家级碳中和相关一流本科专业，加强能源碳中和、资源碳中和、信息碳中和等相关教材建设，鼓励高校开设碳中和通识课程，将碳中和理念与实践融入人才培养体系。

2. 碳中和基础研究突破行动。围绕零碳能源、零碳原料 / 燃料与工艺替代、二氧化碳捕集 / 利用 / 封存、集成耦合与优化技术等关键技术创新需求，开展碳减排、碳零排、碳负排新技术原理研究。加强温室气体排放监测与减排评估、气候变化下的生态系统安全 – 重大风险识别与人类活动适应机制、减污降碳协同增效实现机制、脱碳路径优化、数字化和低碳化融合等机理机制研究。系统揭示海洋和陆地碳汇格局、过程机制及其与气候系统的互馈机理，阐明地质碳封存固碳功效、增汇潜力与管理模式等碳汇理论。

3. 碳中和关键技术攻关行动。加快碳减排关键技术攻关。围绕化石能源绿色开发、低碳利用、减污降碳等开展技术创新，重点加强多能互补耦合、低碳建筑材料、低碳工业原料、低含氟原料等源头减排关键技术开发；加强全产业链 / 跨产业低碳技术集成耦合、低碳工业流程再造、重点领域效率提升等过程减排关键技术开发；加强减污降碳协同、协同治理与生态循环、二氧化碳捕集 / 运输 / 封存以及非二氧化碳温室气体减排等末端减排关键技术开发。加快碳零排关键技术攻关。开发新型太阳能、风能、地热能、海洋能、生物质能、核能等零碳电力技术以及机械能、热化学、电化学等储能技术，加强高比例可再生能源并网、特高压输电、新型直流配电、分布式能源等先进能源互联网技术研究。开发可再生能源 / 资源制氢、储氢、运氢和用氢技术以及低品位余热利用等零碳非电能源技术。开发生物质利用、氨能利用、废弃物循环利用、非含氟气体利用、能量回收利用等零碳原料/燃料替代技术。开发钢铁、化工、建材、石化、有色等重点行业的零碳工业流程再造技术。加快碳负排关键技术攻关。加强二氧化碳地质利用、二氧化碳高效转化燃料化学品、直接空气二氧化碳捕集、生物炭土壤改良等碳负排技术创新；研究碳负排技术与减缓和适应气候变化之间的协同关系，引领构建生态安全的负排放技术体系；攻关固碳技术核心难点，加强森林、草原、湿地、海洋、土壤、冻土的固碳技术升级，提升生态系统碳汇。

4. 碳中和创新能力提升行动。优化布局一批碳中和领域教育部重点实验室和教育部工程研究中心，开展碳中和应用基础研究和关键技术攻关；建设若干碳中和领域前沿科学中心，探索碳减排、碳零排、碳负排等关键技术的共性科学问题；建设碳中和领域关键核心技术集成攻关大平台，开展从基础研究、技术创新到产业化的全链条攻关。加强国家重点实验室、国家技术创新中心、国家工程研究中心等国家级碳中和创新平台的培育，组建一批攻关团队，持续开展关键核心技术攻关，打造若干碳中和技术创新的战略科技力量。

5. 碳中和科技成果转化行动。支持高校联合科技企业建立技术研发中心、产业研究院、中试基地、产教融合创新平台等，积极参与创新联合体建设，促进跨行业、跨领域、跨区域碳中和关键技术集成耦合与综合优化，加快创新链与产业链深度融合，推动能源深度脱碳、工业绿色制造、农业非二氧化碳减排以及建筑、交通等重点领域低碳发展。不断深化校地合作，支持高校联合地方建设一批碳中和领域省部共建协同创新中心和现代产业学院，构建碳中和技术发展产学研全链条创新网络，支撑建设一批绿色低碳示范企业、示范园区、示范社区、示范城市（群）。

6. 碳中和国际合作交流行动。推进与世界一流大学和学术机构的合作交流，开展碳中和科技领域高水平人才联合培养和科学研究；建设一批高校碳中和领域创新引智基地，大力吸引汇聚海外高层次人才参与我国碳中和学科建设和科学研究；在国家留学基金计划中，对碳中和领域人才培养和相关学术科研交流予以支持。支持高校举办高层次碳中和国际学术会议或论坛，主动加强应对气候变化国际合作，推进国际规则标准制定，共同打造绿色“一带一路”。支持建设碳中和国际科技合作创新平台，推动高校参与国际碳中和领域大科学计划和大科学工程。

7. 碳中和战略研究创新行动。建设碳中和战略研究基地，打造碳中和高端智库，组织高校加强碳中和战略研究，为我国做好碳中和工作提供决策支撑。重点研究碳中和基本内涵、实现路径和主要路线，碳中和与能源、产业及经济体系发展的影响关系；深入分析电力、钢铁、建材、石化等重点行业和能源、建筑、交通等关键领域实现碳中和目标的主要障碍与转型成本；研究利用信息技术实现重点行业领域碳中和途径与信息通信产业低碳化发展模式；研究重点产业空间布局与碳中和目标实现的关联机制；开展面向碳中和的国家气候治理体系、国际气候合作研究，形成技术、行业、领域、区域及国际多维度的创新战略支撑体系。

第九章
健全碳交易市场机制

《京都议定书》规定以《联合国气候变化框架公约》为依据，利用市场交易的机制来促进全球温室气体排放的减少。被公约纳入的六种要求减排的温室气体有：二氧化碳、甲烷、氧化亚氮、氢氟碳化物、全氟碳化物及六氟化硫。其中，二氧化碳占六种温室气体的排放量最多，因此温室气体交易往往以每吨二氧化碳当量为计算单位，即为碳交易，相应的市场被称为碳交易市场。

一、碳交易概述及其意义

气候变化和环境问题本质上来讲是如何将有限的资源进行合理分配和利用的问题，而碳排放可以看作是一种权利，碳交易则是通过一定的市场机制来对该权利进行交易并对资源配置进行合理的优化。随着人们对温室效应以及全球变暖等现象的重视，限制温室气体的排放则成了大多数国家的共识。从政府监管角度讲，可以用行政手段、法律法规、税收等多种形式强制企业减少碳排放。但是，这些手段往往比较单一，如果运用得不好，则很有可能影响当地的经济发展和人民生活。相比之下，采用市场化手段，引入碳交易的机制，在市场充分参与的情况下，能够以较低成本和较高的效率实现减排目标。

碳交易的目的在于鼓励减排成本较低的企业能够加大减排力度，将剩余的碳配额或者减排信用通过交易的方式出售给减排成本高的企业。从而在保证碳排放总量的前提下，让减排成本高的企业实现减排目标的同时也能给减排成本低的企业带来额外收益，提高市场竞争力。而对于整个社会而言，通过市场机制的调节作用，让减排成本在企业之间发生流转，使社会减碳总成本降低，从而以低成本、高效率的方式实现温室气体排放权的有效配置。

目前碳交易市场的机制主要分为强制性的碳交易市场和自愿减排交易市场。《京都议定书》履约国家强制规定了温室气体排放标准和目标，强制性碳交易市场则是利用市场化手段，通过交易促使这些国家或企业实现减排目标，往往具有法律效力。自愿碳交易市场则是另外一种利用市场机制降低企业减排成本的碳市场，主要是一些团体或者个人向减排项目的所有方购买减排指标的市场。其出发点往往是企业有履行社会责任、增强品牌价值、扩大社会影响力的诉求。

二、国内外碳交易市场表现

（一）国外主要碳交易市场发展情况

2005 年 1 月 1 日，欧盟排放交易体系作为全球第一个跨国家、跨行业的碳市场诞生。其采用的核心原则为《京都议定书》框架下的“碳排放权交易机制”，欧盟颁发的 2003 年 37 号令则作为其法律约束。截至目前，其仍然是世界上规模最大、最为活跃的碳配额交易市场，交易总额约占全球的八成以上。欧盟碳市场的发展经历了三个阶段，2005–2007 年为试运行阶段，2008 年正式开始第二期运行，第三阶段为 2013–2020 年。涵盖的国家包括了欧盟 27 个成员国以及欧洲经济区内的国家。从碳配额的上限来看，第一阶段约为 22.99 亿吨 / 年，第二阶段的总量上限约为 20.81 亿吨 / 年。第三阶段，欧盟规定了逐年降低碳配额总量，年均下降幅度约为 1.7%。从涵盖的行业来看，第一阶段主要为电力、石化、钢铁、建材、造纸等，第二阶段新增加了航空业，第三阶段则又增加了化工和电解铝。

欧盟碳市场采用总量控制交易机制，通过拍卖和免费分配来发放碳配额，而配额的总量上限会陆续下降。从交易价格来看，总体上呈现上升趋势，但是在发展初期也因为受到政策和客观经济因素的影响，经历了价格大幅度波动。在第一期试运行阶段，从 2007 年到 2008 年，价格出现了大幅度下跌，甚至跌至接近零价，主要是因为碳配额不能延续到下一期。受到 2008–2009 年金融危机的影响，很多欧洲企业的碳排放下降引起碳配额供给过剩，碳价处于低迷状态。从 2013 年起，欧盟取消了成员国自行定量的国家分配计划，由欧盟统一进行排放总量限制，但碳价格还是持续受到了金融危机的影响，最低低至 3 欧元。从 2018 年起，通过收紧碳配额供给并稳定储备机制等一系列改革措施，欧盟碳市场的价格开始回升，达到了历史高位。虽然 2020 年初的疫情对碳市场的价格造成了影响，但是由于欧盟积极的绿色经济政策和强制的 2030 减排目标，市场信心得到大幅提升，碳价持续上涨并突破了 50 欧元大关。

由于碳市场的活跃和各类丰富的碳交易品，碳交易量和交易额也每年创下新高。根据路孚特全球碳市场的年度报告，2020 年欧洲碳配额市场的各类产品交易总量为 80 亿吨，成交金额达到 2014 亿欧元，占全球碳交易额的 9 成。从交易主体来看，控排企业仍然占主要的交易份额。其中电力企业相对比较活跃，因为欧盟从 2013 年起就取消了电力行业的免费碳配额。对于非控排企业，金融机构和基金等也开始增加持仓，新的金融投资者开始涌入碳市场，将碳配额作为规避和对冲气候政策风险的优质资产。

美国提出的首个强制性的、基于市场的区域性温室气体减排计划为区域温室气体减排行动（RGGI）。其主要由美国东北部和中大西洋地区的 12 个州以合作备忘录的形式组成。RGGI 的履约周期为三年，从 2009 年到现在总共经历了四个履约期，其减排的总量目标是各个目标之和。覆盖的主要排放范围是电力、交通和居民。RGGI 是全球第一个用拍卖的方式分配几乎全部配额，每三个月进行一次拍卖来发放配额，获得的配额可交易或储存，平均拍卖价格为 2.95 美元 / 吨二氧化碳。美国马萨诸塞州也在 2018 年开始运行自身的碳市场，覆盖的是电力行业，其定位在于对 RGGI 市场的补充。

美国加州于 2012 年正式启动碳交易市场，总量控制目标是将加州范围内 2020 年温室气体排放恢复到 1990 年水平。加州碳排放体系覆盖了所有的主要行业，包括炼油、发电、工业设施和运输燃料等年排放量大于 2.5 万吨二氧化碳当量的企业。分配方式包括了免费发放碳配额和拍卖两种，以灵活的方式调节配额的供需和价格波动。同时为了避免短期内配额价格大幅度波动，加州在一定程度上对配额价格进行了调控。美国的俄勒冈州、宾西法里亚州分别于 2020 年、2021 年出台相关的碳排放总量控制法案，预计也将陆续推出或者加入相关的碳市场。

新西兰全国的温室气体排放量只占全球总排放量的 0.2%–0.3%，但其人均碳排放量则远高于世界平均水平。新西兰通过立法等手段，确定了建立新西兰碳排放交易体系作为实现新西兰碳减排的最经济的方式之一。对于一些高排放企业，因为无法将减碳额外增加的成本转嫁给消费者，可以向政府部门申请相应的补贴。值得提出的是，新西兰将国家的支柱产业——农业也纳入了碳配额交易体系，成为全球领先者。从 2015 年开始，农业企业包括肉类生产、乳业加工、化肥生产及进口商、家禽蛋类生产和活禽出口商都被正式纳入了碳交易市场。考虑到最大限度地减少对农业竞争力的冲击，新西兰交易市场规定在 2015–2018 年的过渡期内享有一定的免费碳排放配额，并从 2016 年开始逐年核减免费排放额度，农业企业需要在用完免费额度后自行承担碳排放责任。

2020 年以来，全球其他国家和地区也纷纷出台相应的政策和法规来应对气候变化和温室气体排放。碳市场作为一项切实可行的政策工具被越来越多地采纳和不断完善。要实现《巴黎协定》所设定的气候目标，就必须依靠市场体系，将投资、补贴、政策等进行合理有效组合，而碳市场则是这一组合的重要组成部分。随着英国的正式脱欧，英国碳市场也开始启动并逐渐将覆盖范围扩大到电力、工业和国内航空以外的行业。加拿大的魁北克省也公布了 2050 年实现碳中和的目标，并通过了一系列环境立法修正案，对排放总量和交易体系进行了改革，并将碳配额拍卖收入用于支持气候变化相关的行动。在拉丁美洲和加勒比海地区，墨西哥于 2020 年完成了为期两年的碳市场试运行，并将在 2021 年开启首次碳配额分配。哥伦比亚全国碳市场的设计和基础设施建设工作正在进行，预计 2023–2024 年开始试点运行。亚太地区，除了中国和新西兰以为，日本和韩国也推出了非常积极的国家碳中和目标。日本正在改进已经实施的碳定价政策并继续开放自愿碳市场。韩国从 2021 年起将开始国家碳市场的第三阶段。一方面提高拍卖比例，另一方面将减少所允许抵消的额度，并计划将覆盖范围扩大到建筑业和大型运输公司。中国台湾、越南、泰国等也进一步启动和完善各自的碳市场，并制定了明确的总目标和时间线。（来源：《ICAP2021 年度报告》）

（二）国内碳市场发展情况

我国参与碳排放交易市场并逐步建立国家碳交易体系可分为三个阶段。第一阶段为 2002–2012 年，主要参与国际清洁发展机制下的自愿减排项目。第二阶段为 2013–2020 年，逐步在北京、上海、天津、重庆、湖北、广东、深圳 7 个省市开展了碳排放权交易的试点。第三阶段为 2021 年起，全国统一并建立了碳交易市场，首先纳入电力行业进行交易。

2011 年 10 月在北京、天津、上海、重庆、广东、湖北、深圳 7 省市启动了碳排放权交易地方试点工作。全国第一个线上碳交易试点于 2013 年 6 月在深圳启动，覆盖的行业范围包括了能源（发电）、供水、制造在内的工业领域和一些非工业领域如：大型公共建筑和公共交通。其配额的分配方式为免费加拍卖，拍卖比例不低于 3%。在市场调节机制方面，深圳碳交易采取了可调控的总量设定机制，配额总量可在预分配后根据企业实际经济水平进行调整，同时储备了一定的配额用于平抑价格，对过剩配额供给进行回购并逐年增加拍卖配额比例。2013 年 11–12 月，全国还启动了北京、上海、广东、天津四个碳交易所试点。北京碳交易所制定的市场调节机制为预留配额进行拍卖加上配额回购措施。上海碳交易试点对配额实行免费分配和不定期拍卖。坚持公开透明的市场化方式运作，不实行固定价格或最高、最低限价，但对于涨跌幅实行限制。广东碳交易试点也是采取的免费分配配额和拍卖，市场调节机制和深圳碳交易试点类似，采取控制与预留的方式对配额总量进行管理，以配额预存来应对市场的波动。2014 年，湖北碳交易试点和重庆碳交易试点陆续启动。对于配额分配均采用免费分配的方式。湖北对日常交易实行日议价区间限制，涨跌幅度不得超过前一交易日收盘价的 10%。重庆对于涨跌幅的限制比例则为 20%。

从七省市的碳交易试点的价格来看，我国的碳价格普遍比国际市场的低。欧盟的碳价格普遍比我国的碳价高 9–68 倍。从变化趋势分析，国内碳试点平均碳价从 2013 年到 2017 年呈下降趋势，直到 2020 年，开始有所回升。从波动幅度上看，深圳、广东试点在运营之初波动非常剧烈，而北京碳价格的波动从 2018 年到 2021 年开始逐渐加剧。《2020 年中国碳价调查》中指出：截止到 2020 年底，广东、湖北、深圳的碳交易量领先于其他试点市场，总交易量分别达到了 15.1 亿、7.2 亿、4.5 亿吨二氧化碳。深圳碳试点的交易活跃度最高，达到了 14%。受到疫情影响，除湖北和天津外，其他碳试点的交易额均有所下滑。

2021 年 7 月 15 日，全国统一的碳排放权交易市场在上海正式启动。湖北省和上海市分别承担了全国碳排放权注册登记系统和交易系统的建设。全国温室气体自愿减排管理和交易中心则由北京绿色交易所筹备。目前，全国统一碳市场仅允许控排企业参与交易，金融机构及个人暂未被纳入直接参与碳交易的范围。但金融机构可以通过碳基金理财产品、绿色信贷、信托类碳金融产品、碳资产证券化、碳债券、碳排放配额回购等方式参与碳交易，从而活跃市场。2021 年 7 月 17 日，《北京青年报》报道：全国碳市场交易首批仅纳入 2225 家发电企业，在未来将最终覆盖发电、石化、化工、建材、钢铁、有色金属、造纸和国内民用航空等八大行业。在碳配额分配方式上，初期仍然以免费为主，后期将逐步引入有偿分配，引入碳市场调节机制，推动碳配额有效配置。从抵消机制上，重点排放单位可使用中国核证自愿减排量（CCER）或生态环境部另行公布的其他减排指标，当前的抵消额度将不超过核查排放量的 5%。

（三）利用碳交易市场应对气候变化呈现良好势头

碳市场的配额总量是由政府通过法律法规所设定的总减排目标决定的，减排力度越高，碳配额的供给就越少，稀缺性也会增强。以欧盟为例，2020 年 9 月，欧盟委员会提出要将 2030 年减排目标从 40% 提高为至少 55%，该目标的提高意味着碳市场的减排力度和配额总量将收紧。从所承担的减排责任看，欧盟碳市场所承担的减排量将远大于非碳市场的行业。从效果上看，碳市场的配额分配和调节已经起到了非常好的作用，为应对气候变化问题起到了非常积极的作用。欧盟电力行业的碳排放量自 2008 年以来，每年平均下降约 4%，碳价推动了天然气替代煤炭发电，同时也促进了可再生能源的大力发展。

从我国的碳市场发展来看，2021 年 7 月启动的全国统一碳市场所覆盖的排放量，将成为全球最大的碳市场。借鉴欧盟将总的长期气候目标细分到碳市场的减排贡献，我国需要设立逐年递减的碳市场排放总量目标，从而通过碳配额的稀缺性和碳价成本来实现减排目标。生态环境部数据展示了地方碳交易市场试点的情况，所覆盖的近 3000 家重点排放企业，共计 4.4 亿吨碳排放量，实现了企业碳排放总量和强度的双降目标。抵消机制的政策设计，有利于加强对生态环境的保护，推动山水林田湖草沙系统的保护，增加森林碳汇，探索海洋碳汇等，并从技术创新上大力发展负碳技术。值得指出的是，碳交易系统是一项非常复杂的体系，需要统一的信息平台和碳排放数据，并且要建立健全碳排放数据核算和核查体系等。因此，需要循序渐进，逐渐探索和利用市场机制来鼓励社会资本对低碳领域的投资。

生态环境部副部长赵英民表示，全国碳排放交易市场是推动低碳绿色发展的一项重大制度创新，能有效地通过市场机制来控制和减少温室气体排放，为应对全球气候变化给出中国的答卷。国际能源署发布的《中国碳市场在电力行业低碳转型中的作用》报告显示，中国的碳市场在初期将覆盖中国 40% 以上的化石燃料所产生的二氧化碳。随着配额基准值的逐渐收紧，中国碳市场可扭转发电碳排放上升的趋势，经济有效地促使电力行业在 2030 年达峰。在复杂的政策框架下，碳市场可与多个创新技术、能效提升等政策互动，提高政策的执行效果，用更经济有效地方式实现应对气候环境变化的目标。全国碳市场对我国实现碳达峰、碳中和的重大意义和作用体现在：

1. 对于高碳排行业和企业而言，可通过碳市场对碳排情况进行监管，并利用市场机制和金融手段等，助力产业结构调整和能源消费升级。

2. 通过引入社会资本和经济激励措施，实现低碳技术的创新和发展，推动高碳排行业的低碳绿色发展。

3. 通过对抵消机制的建立和完善，促进增加林业碳汇，扩大可再生能源在电力系统中的占比，促进 CCUS 技术发展，并倡导绿色低碳的生产和生活方式。

我国统一的碳交易市场虽然刚刚正式起步，但已经成为全球最大的碳交易市场之一，并且产生了非常积极的市场示范作用。随着碳达峰碳中和的提出，很多地方都在大力推进“双碳”建设，但是也暴露了一些诸如“运动式”减碳的问题。因此，更要在统一碳市场的基础上，利用政策和市场相结合，坚决遏制“两高”项目盲目发展，要打好基础，力争循序渐进、稳中求进减碳，高质量实现“双碳”目标。

三、数字技术助力碳交易

2021 年 7 月 16 日，全国碳排放权交易市场（简称碳市场）正式启动上线交易，首批覆盖的企业碳排放量超 40 亿吨二氧化碳，一举成为全球覆盖温室气体排放规模最大的碳市场。碳市场是以控制温室气体排放为目的，以温室气体排放配额或温室气体减排信用为标的物所进行交易的市场，利用市场机制、降低管控碳排放成本的全新环境经济政策，是推动经济发展、实现绿色转型的重大制度创新，也是践行减排承诺、落实碳达峰碳中和的重要手段。自 2018 年《全国碳排放权交易市场建设方案》印发实施以来，生态环境部积极推进全国统一的碳市场建设，严格落实支撑我国碳市场运行的基础和保障——MRV 体系。然而在 MRV 的实施过程中面临着多方面的挑战，包括碳排放核算指南的统一和完善，全过程数据的精准监测，第三方核查的独立及质量保障等等。将 MRV 与数字化技术深度融合，通过物联网技术提升企业采集数据能力，结合大数据、人工智能技术简化 MRV 流程，借助区块链技术全面优化 MRV 体系，能让 MRV 更好地服务于碳达峰碳中和，助力中国经济的绿色化、数字化转型。

（一）国内 MRV 体系的要素构成

随着全国碳市场 7 月正式鸣锣开市，全国碳市场的建设和发展步入快车道，碳数据的质量保障成为建设工作中的重中之重。亚洲开发银行可持续发展和气候变化局（SDCC）顾问吕学曾表示，“碳市场的数据不真实、不可靠，这是碳市场的癌症，如果这个问题不解决，碳市场一定不会做好”。碳数据的不可靠、不可信会造成碳交易配额分配不均，引发劣币驱逐良币的恶性循环，最终严重影响我国碳达峰碳中和的落地。为保障碳排放量和碳交易配额分配的准确性、真实性和完整性，所有碳数据都需依循“可监测（Monitoring）”“可报告（Reporting）”和“可核查（Verification）”的原则，经过测量、报告和核查确认后方能进入碳市场，这一技术体系被统称为MRV体系。

监测（M）、报告（R）、核查（V）是MRV体系的重要组成部分，也是其应用实施的关键。监测（M）是支撑整个碳市场的基本起点。通过标准化的指南及核算方法学，统计并核算碳排放数据，保证碳排放数据的准确性和科学性，并尝试以规范的方式进行周期性的核算是监测的主要内容。报告（R）是以企业法人单位或独立核算企业单位为边界（重点排放行业中在2013-2018年任意一年综合能源消费总量达到1万吨标准煤/2.6万吨CO_2及以上的单位，或任意一年发电装机之和达6000KW以上的其他企业自备电厂），核算其在生产经营活动中各环节直接或间接排放的温室气体量及相关数据，并根据不同行业企业的配额分配需求添加补充数据表，最终汇编成企业碳排放报告进行上报。核查（V）是企业在落实碳排放报告工作的基础上，由政府主管部门委托第三方核查机构对企业报送的数据进行核查并决定是否采信。根据各行业碳排放核算与报告指南以及第三方核查指南等文件，由国家资质审定的第三方机构开展碳核查工作，确保核查数据真实、有效，为后续配额分配、履约交易工作奠定基础。

完整高效的MRV体系要求统一的核算办法和报告要求。但由于碳交易处于政策探索阶段，目前普遍以地方性法规、地方政府规章、标准为依据开展监测、报告和核查工作，国家层面《全国碳排放权交易管理暂行条例》的立法审查进度亟待进一步推动。在指南标准的建设完善方面，普遍形成“通则 + 行业细则”的标准文件体系。各行业指南通用的报告框架与方法对共性问题（如相关术语定义等）进行规范统一，各行业细则对碳排放核算范围及方法、监测要求、报告范本、排放因子等内容进行“动态”调整完善，为企业提供普适性与适用性兼备的 MRV 规范。

在责任划分方面，国内基本形成“以国家为主、地方为辅”的 MRV 管理体结构。由国家制定 MRV 具体管理流程与报告需求，并对第三方核查机构进行资质审核与监管。地方政府负责企业报告的监管、复查与财政支持。目前国内 MRV 体系建设正处在逐步完善阶段，地方政府在 MRV 执行过程中主导性更强。

（二）MRV 机制的主要功能及面临的挑战

MRV 机制是碳交易实施的核心要素、是落实碳达峰碳中和的重要保障。对内，科学完整的 MRV 体系为碳数据的量化与质量控制保驾护航，使企业开展碳排放监测和报告工作及第三方机构开展核查工作有章可循。此外，能增强利益相关方对数据的认可度，极大保障全国碳市场运行机制的可信度和有效性，同时为企业低碳转型、区域低碳宏观决策提供重要支撑。对外，MRV 是国际社会对温室气体排放监测的基本要求，是《联合国气候变化框架公约》下国家温室气体排放清单和《京都议定书》下三种履约机制（国际排放贸易机制、联合履行机制、清洁发展机制）的实施基础，更是国际气候变化谈判博弈的关键一环。逐步形成与国际接轨又具备中国特色的灵活、科学的 MRV 体系，是一项紧迫而长期的艰巨任务。然而目前来看，MRV 体系的建设完善中还可能面临诸多挑战。

一是制度建设不完全。截至目前，国内先后公布的3批共24个重点行业的《企业温室气体排放核算方法与报告指南》《全国碳排放权交易第三方核查参考指南》以及《碳排放权交易管理办法（试行）》等规范性和实操性文件对排放量测算、报告和核查进行了初步规定，但仍然面临着配额核算方法行业特色不足、数据监测计划与第三方核查监督执行性不够的问题，MRV相关配套法律制度仍需进一步完善。

二是监测、核查的执行不规范。在MRV实施过程中，常常缺失企业碳排放监测计划。缺乏可操作性强的监测计划会引起监测过程的不受控和监测结果不可信。因此相关主管部门应加强对企业落实执行监测计划的督促监管，保障监测计划规范开展和妥善执行。第三方核查的独立性、公正性也面临着诸多挑战，对核查机构任期、核查费、企业规模、市场竞争和非核查业务等方面的约束、监管体系亟待完善。北京主管部门要求企业每三年更换一次第三方核查机构，并坚持对核查结果进行独立抽查，为限制核查机构和企业重复互动、规范碳核查体系贡献宝贵经验。

三是监测、核查的质量待保障。由于我国碳排放数据计量基础薄弱，数据采集、分析的自动化程度低，MRV流程严重依赖人工，计算错误、数据篡改等过程风险愈发凸显。同时，国内碳核查市场仍处于供不应求的阶段，第三方核查企业数量占控排企业3%不到，工作量过饱和的情况下核查质量更难以保障。基于此，企业的“数智化”转型将助推MRV过程降本增效。通过推进数字基础设施和大数据、云计算、物联网等技术的融合，布局各行业碳排放的在线监测与电子核查，建设统一的电子报送数据平台，能有效实现MRV工作流程的降本减负、提质增效。

（三）“数智化”技术赋能 MRV 体系建设

2021 年是“十四五”的开局之年，同时也是我国绿色发展的布局之年，更是落实碳达峰碳中和目标的关键期和窗口期。全国全社会积极布局，以数字化、智慧化建设为抓手，以低碳零碳目标为导向，融合生产、传输、存储、消费过程的数据资源，搭建设备智能、多方协同、信息对称、交易开放的数智化平台，为优化产业能源结构、完善 MRV 体系提供绿色数字化指导。

工业物联网技术能对企业涉及的生产、经营等各环节的碳排放时空数据进行精确跟踪和计算，协助 MRV 监测以及对溯源核查环节进行量化监督，为产业结构转型升级提供数字化指导。2021 年 5 月，江苏省正式上线国内首个电力行业碳排放精准计量系统，利用物联网云平台对火力发电系统排放烟气进行实时浓度监测，通过关键参数的分析校验，精准计算出碳排放量，实现监测口的自动化控制。系统数据采集精确到每秒，单台机组每天采集数据超过 1000 万条，完成计算比对约 50 万次。据计划，系统还将被用于监测其他高排放行业，为完善江苏省碳排放大数据平台，为各行业落实碳排放精准监测及后续核查工作夯实基础。同月，青海省“电力高频数据碳排放”智能监测分析平台完成上线试运行。平台以“大数据 + 云计算 + 区块链 + 移动互联”技术为支撑，实现了全省全口径碳排放在线监测和实时分析，记录了青海省近 20 年共计约 22 亿条各类能源消费数据，提供日频度全省全口径碳排放量、重点行业碳排放量等关键指标数据，为政府科学规范分配企业碳排放配额提供技术支持。

人工智能等数字化技术及大数据汇聚应用的结合推广，不仅能为企业提供辅助决策支持，还能简化 MRV 流程。挪威船级社 DNV GL 开发 MRV 系统的综合在线功能，可以在实现 MRV 数字化报告的同时免去现场核实的必要。第三方核查逐渐以数字决策代替经验决策，保障碳核查工作独立、高效运作，促进航运业“碳中和”提档加速。中远海运将监测和报告碳排放所需的航段能效信息从船舶日常报文中直接进行抓取，并自动生成MRV报告接入监督核查机构的信息系统，避免了重复核对、录入工作，科学规范地简化MRV流程，顺应航运领域数智化、绿色化的发展趋势，助力构建航运产业新生态。

区块链技术便捷地串联起“检测—报告—核查—交易—清算”全流程，赋能数智化MRV建设。区块链技术确保数据真实、准确地采集和汇报，要素无偏、高效地流动；方便多方数据的多方共享、共用，推动监测报告口、核查口、监管口的高效运作；隐私计算技术协助链上各方在保障数据隐私的前提下进行碳数据归拢、上报及核查，实现企业履约情况透明化；公私钥身份验证技术可杜绝信息输出方造假，避免因人工操作失误造成的数据录入错误或者数据遗失，能有效简化核查步骤；链上智能合约支撑后续碳排放配额和碳交易环节自动、公正执行。然而区块链助力MRV在线化建设目前还处于概念验证及模式探讨阶段，还需依托大数据中心、物联网等新型数字基础设施作为先决条件，依靠多方协作发力，因此距离其真正落地仍有一段距离。

“十四五”时期是“碳达峰”的窗口期、攻坚期，实现碳达峰碳中和离不开碳市场这一主流的减排政策工具，而数字技术浪潮的兴起与发展则为全球和中国的碳减排提供了巨大的支持。数字技术同碳市场MRV体系建设的深度融合发展，会使碳交易市场焕发新活力，助力实现碳达峰碳中和。

四、数字化碳汇交易领域前景广阔

深入贯彻习近平生态文明思想，坚定不移践行“绿水青山就是金山银山”的理念，加快形成绿色发展方式和生活方式是有力推进碳减排的重要举措。在碳达峰碳中和目标下，包括中国在内的各国都采取了积极的措施，应对气候变化也取得了令人可喜的成效。2021 年 4 月 28 日，第五届气候行动部长级会议以视频的方式召开，来自世界各地 35 个国家和国际组织的部长和代表参加了此次会议。突如其来的全球疫情和环境挑战对公共卫生和社会经济造成了不小的冲击，各国都认识到了气候变化的危害性以及采取应对措施的紧迫性。同时，部长们也深刻意识到全球合作对气候行动和绿色转型的重要意义。加强国际合作和经验交流有利于互学互鉴，各国可以根据国情制定相应的解决方案，共同为建设美丽地球贡献力量。

（一）国内碳汇交易市场的发展过程

20 世纪末通过了限制各国温室气体排放的国际法案《京都议定书》，碳汇交易也由此踏上了新征程。碳汇交易是基于《联合国气候变化框架公约》及《京都议定书》对各国分配二氧化碳排放指标的规定，创设出来的一种虚拟交易。碳汇市场具有巨大的发展潜力，各国对《京都协议书》的大力支持和响应，导致整个国际市场的碳汇价格呈现上涨趋势，各企业也纷纷涌入碳汇项目的潮流。中国的碳汇交易遵循中国碳排放权交易机制，交易的产品有两种，一种是碳配额，一种是碳减排量，碳配额由各试点当地发改委签发，碳减排量绝大部分来自国家发改委签发的中国核证自愿减排量（CCER）。2020 年 12 月发布的《碳排放权交易管理办法（试行）》中指出，CCER 是指对我国境内可再生能源、林业碳汇、甲烷利用等项目的温室气体减排效果进行量化核证，并在国家温室气体自愿减排交易注册登记系统中登记的温室气体减排量。碳汇项目中一项重要的环节是计算减排量并且核证，其有对应的方法学，由此开发出的温室气体项目才是合格并且符合国家标准的。

森林和树木是人类最早利用的自然资源之一，随着社会的不断发展，人们对森林的价值认识也不断深化。包括森林在内的自然生态系统的固碳能力远远超出人类预期，自然资源的有效管理、山水林田湖草系统的精细化治理，生态保护修复都能直接增加生态系统的固碳量。增强草原、绿地、湖泊、湿地等自然生态系统固碳能力，改善沙漠和沙化地区土地利用，以多种途径提升土壤固碳能力既是保护生态环境的重要举措，也是促进碳减排的直接方式。国家林草局副局长刘东生表示，“十四五”期间，要把国土绿化与应对气候变化有机结合起来。森林碳汇在未来应对气候变化、实现碳中和的目标当中，将会扮演越来越重要的角色。森林植物通过光合作用将大气中的二氧化碳吸收并固定在植被和土壤中，从而减少大气中二氧化碳的浓度，这就是森林的碳汇功能。通过植树造林、科学经营森林、保护和恢复森林植被等活动，增汇减排，是减缓气候变暖的重要途径。森林在减缓和适应气候变化中的特殊作用逐渐得到国际社会的认可，利用自然生态系统固碳增加减排量也将成为达到碳中和愿景的重要途径。2014 年 7 月 21 日，广东长隆碳汇造林项目通过国家发展改革委的审核，成功获得备案，是全国第一个可进入碳市场交易的中国林业温室气体自愿减排（CCER）项目，该项目对于推进可持续发展具有重要意义。

碳汇交易的直接收益是企业出售碳配额获得的利润，更长远的收获是企业低碳技术的创新。此外，建立具有新发展机制、市场化的森林生态效益体系将对未来林业的发展也十分有利。在这场低碳变革中，受益者不仅只有企业，农民也会在集体林改中获得林地和林木的所有权。虽然林木生长周期较长，短时间无法得到种植收益，但如果将森林的生态服务功能价值化，就可以创造出比单纯出售林木更大的利润。仅凭农民自己的资金可能无法实现庞大生态服务体系的正常运营，企业可以通过捐资碳汇帮助农民造林或者经营，一方面，树的延伸产品以及附加价值为农民所有，另一方面，企业从中积累碳信用指标，为未来的发展扩展更大的空间。

（二）数字化助力 CCER 项目开发—交易流程

1997 年 12 月，来自世界范围内 149 个国家、地区的代表齐聚日本京都，制定并通过《京都议定书》。该协议建立了全球碳排放交易体系。其中包含了三种碳排放的交易机制，其中清洁发展机制（Clean Development Mechanism，CDM）是我国参与国际碳交易的途径。由此，开启了我国参与国际气候减排合作的新征程。碳汇交易涉及制度编制、规划完善、技术方法上的一些难题，加之《京都议定书》对碳汇项目有着非常严格的要求和复杂的技术规程，因此能够进入市场的碳汇项目并不多。2012 年，我国参与国际 CDM 机制受限，于是开始筹建国内自愿减排碳交易市场。完全照搬 CDM 的机制，国内市场仍然会停滞不前，探索符合国情和地方特色的新机制成为打破僵局的关键。在借鉴国际市场机制的优势之处的基础上，国家发展改革委印发《温室气体自愿减排交易管理暂行办法》《温室气体自愿减排项目审定与核证指南》两大关键文件，国内减排项目重新启动。2015 年自愿减排交易信息平台上线，CCER 进入交易阶段。2017 年，虽然暂停了 CCER 项目的备案，但存量的 CCER 交易仍在各大试点进行。原定

2021年6月底重新启动上线的碳市场一直持续升温，牵动着市场神经。

一个完整的CCER项目从开发到交易至少需要经过项目文件审定、项目备案、项目实施与监测、减排量核证、减排量备案、CCER签发六个步骤，每个步骤均需要耗费不少的时间和精力。首先，业主选定一个开发项目，需要有专门的技术部门如咨询公司来判断是否符合备案的CCER方法学的适用条件以及额外性论证，如果符合，会对产生的这些可测量、可报告、可核查的温室气体排放减排量进行收益评估。业主能得到可观的、期望的收益，那么该项目就有开发的可能性。确定项目具体方向和内容之后，要按照国家发展和改革委员会提供的模版和要求编写项目设计文件（可以由咨询公司完成）。编写完成后审定机构要检查项目设计文件的内容及格式，文件符合规定即可提交至国家发改委。若符合相关人员的检查标准，该文件将在中国自愿减排交易信息平台网站上进行公示。审定机构会以文件评审或现场访问的方式对项目进行审定，业主修改完毕后送至国家发改委备案。项目实施后产生的减排量以及实施过程是否符合规范需要专门机构进行核证及监测，这些材料及文件通过国家发改委的专家技术评审和审查后，减排量即可备案。

一个可实施的CCER项目开发周期较长，过程烦琐，推动流程数字化过程全提速，业务与管理随需求而变化，实时应对各环节差异化难题，统一平台，统一协作，打造全流程CCER项目线上化势在必行。尽力推进全环节的智能化，设计简单的互动界面，减少业主的独立办理步骤，提高服务水平和质量是流程数字化的根本出发点。清洁能源如风电、光伏等项目的预计减排量和供电量均可以通过物联网和人工智能技术直接获得，为PDD的编写和监测环节提供准确的数据记录。此外，整个CCER流程的在线化便于业主查询所有提交事项情况，追踪项目的申请进度，同时对政府部门的审批流程进行监督。设置在线咨询师，随时为业主的困难提出解决方案，方便应对未预料的申请障碍，为项目更快落地实施提供便利。数字碳交易机制的完善将有力支持我国的碳中和进程，也将催生更多的新商业模式和机会。

碳汇本身在碳中和愿景中就是一个具有很大固碳潜力的有效行径，碳汇项目交易不仅保有了碳汇的基础价值，更为企业提供了新的发展机遇。CCER 是碳抵消的核心，也是构成碳交易的重要机制，数字化与 CCER 的深度融合为加快完善碳交易流程提供了新渠道。期待在线化 CCER 能实现更低成本碳减排，成为调控全国碳市场的有力工具。

五、碳金融与数字技术深度融合

2020 年 12 月，中国人民银行行长易纲在新加坡金融科技节上表示，人民银行将继续探索利用金融科技发展绿色金融，未来，大数据、人工智能、区块链等金融科技手段在绿色金融中的运用前景将会非常大。此后，在中国银保监会和中国证监会的相关工作会议中均将金融支持碳中和列为 2021 年重点工作，把科技创新作为优先事项，提出探索科技创新的各种金融服务，发展绿色信贷、绿色保险和绿色信托。并将科技赋能于监管手段，实现“数据让监管更加智慧”。

（一）碳金融及其衍生品定义

碳金融是一种新的金融工具，它赋予了碳排放货币价值，并允许期望抵消自身温室气体排放的企业从可持续组织及其项目中购买碳信用。衍生品是一种金融产品，其价值来自未来以特定价格买卖标的资产或商品的协议。碳金融衍生品是指价值取决于碳交易及碳金融产品价格的金融合约，包括碳远期、期货、期权、掉期等。碳金融衍生品在碳市场中发挥着重要作用。受碳合规计划约束的公司使用碳衍生物以最具成本效益的方式履行义务并管理风险。财务状况与碳价格间接相关的各种企业也可以使用衍生品。衍生品在帮助企业管理气候相关和转型风险方面也发挥着重要作用。衍生品提供了一种有效的工具，通过减少未来价格的不确定性来对冲投资风险。它可以将原本不稳定的现金流转化为可预测的成本或回报来源。投资者可以通过碳金融衍生品的价格变化来判断其气候转型投资的风险，并通过合理分配资本以从能源转型机会中受益。

国际上以《京都议定书》中设定的三种交易机制，即国际排放权交易（International Emission Trading，IET）、联合实施机制（Joint Implementation，JI）以及清洁发展机制（Clean Development Mechanism，CDM）为基础，主要形成了基于配额的市场和基于项目的两种市场。其中 CDM 和 JI 属于基于项目的市场，JI 项目产生的减排量称为减排单位（ERU），CDM 项目产生的减排量称为核证减排量（CER）。在项目市场中，低于基准排放水平的项目或碳吸收项目在经过认证后可获得减排单位，如 ERU 和 CER; 受排放配额限制的国家或企业可通过购买这种减排单位来调整其所面临的排放约束。IET 属于基于配额的市场，在配额机制中购买者所购买的碳排放配额是由管理者确定和分配的。在国内的碳金融市场中，碳排放配额和核证自愿减排量（CCER）分别作为配额市场和项目市场中主要的原生产品。基于项目和配额的这两类市场为碳排放权交易提供了基本框架，以此为基础，相关的二级市场、基础产品（碳排放权）和衍生产品交易也随之发展起来。

碳排放配额：碳排放配额是指政府作为管理者在企业中初始分配的配额，一个碳排放配额代表企业有权进行一吨二氧化碳的排放。

核证自愿减排量：核证自愿减排量，简称 CER（Certified Emission Reduction），是清洁发展机制（CDM）中的特定术语。它是指一单位，符合清洁发展机制原则及要求，且经 EB 签发的 CDM 或 PoAs 项目的减排量，一单位 CER 等同于一吨的二氧化碳当量。

碳远期：碳远期的本质是现货交易，是买卖双方就未来在确定的时间和价格下进行碳额度交易达成的远期协定。清洁发展机制（CDM）项目通常采用碳远期合约的方式交易核证减排量（CER），交易双方会在项目启动前规定好碳额度的交易价格，数量和交易时间。

碳期货：碳期货是交易双方达成的在未来确定的时间下进行碳排放权交易的合约，是为应对碳市场中的交易风险而衍生的金融产品。与碳远期相反，碳期货在固定的交易场所进行碳期货交易。其目的不是获得碳额度，而是利用碳期货市场进行对冲贸易，降低碳市场风险，在国际上最为活跃。

碳期权：碳期权是指碳期货基础上产生的金融衍生品，同样具有进行对冲贸易、套期保值的作用。投资者可以通过对看涨期权和看跌期权的组合交易策略来获取利益，规避风险。

碳掉期：碳掉期是指交易双方约定在未来某一时期相互交换碳排放配额和核证减排量的交易。碳掉期交易成本低，能有效降低企业碳资产管理中利率波动的风险。

价格发现是一种通过买卖双方的互动来确定商品现货价格的方法，通常称为价格发现过程或价格发现机制。价格发现的过程中设定了现货的价格或资产、证券、商品或货币的适当价格，着眼于许多有形和无形因素，包括供需、投资者风险态度以及整体经济水平和地缘政治环境。简而言之，价格发现是一个决定市场价格的过程。价格发现是期货市场的重要经济功能之一，碳市场中大量频繁的碳期货交易形成的期货价格，具有真实性、可预期性、连续性和权威性的特点，更能真实地反映未来商品价格的波动趋势。

风险管理是识别、分析和接受或减轻投资决策中的不确定性的过程。从本质上讲，风险管理的过程是当投资者分析并尝试量化投资中的潜在损失，然后根据基金的投资目标和风险承受能力采取适当的行动。衍生金融工具可以运用套期保值控制金融风险。以碳期货为例，利用碳期货和现货市场影响价格因素相似的原理，在两个市场采取等量相反的操作，形成一种对冲机制，盈亏抵消，从而将风险转移至第三方。

资产配置是一种投资策略，旨在根据个人目标、风险承受能力和投资期限分配投资组合的资产来平衡风险和回报。以碳期货为例，碳期货作为一种碳金融衍生工具，不仅可以通过对冲的方式降低现货资产的风险，还可以将期货纳入投资组合，实现更好的风险回报组合。

（二）数字技术助力碳金融发展

数字技术可以通过三个方面助力实现碳达峰碳中和：首先，数字化本身就是减碳增效的重要手段，相比与传统手段，云计算等绿色算力大大提高了计算效率、节约资源；其次，通过数字技术对企业、社会的绿色环境要素的检测、管理，为企业的绿色运营生产和政府的战略目标落实提供可量化的决策参考；最后，要实现“双碳”目标，必须建立以数字技术为基础的循环经济，让生产、消费的各个环节和金融要素均融入其中，开创数智“双碳”的产业新体系。利用金融科技手段，通过改变传统金融服务的信息采集来源、风险定价模型、投资决策过程、信用评价体系等，推进金融科技与行业逻辑的深度融合，让技术的成熟带动服务模式的创新，从而更好促进业态转型。

在金融科技的助推下，金融机构和绿色产业企业整合在一起，会形成更有效的产业金融服务市场。在这样一个广泛而透明的平台化市场下，通过平台化触及客户需求，科技化提升风控水平，资本化纽带提升生态圈联动效应，上下游有效连接、协同融通风控，能极大地降本提效。在技术应用和基础数据上，通过大数据、人工智能和云计算等主要手段，金融机构之间建立环境数据和 ESG 数据的信息共享、环境效益测算及风险监控和绿色信贷的内部管理系统。从碳达峰碳中和的整体战略看，当前的技术应用仍然无法突破关键领域的技术瓶颈，特别是在数据采集和应用上，区块链、物联网等底层科技基础设施应用不足，使得全流程信息采集不够完备，如追踪贷款投向、资金用途等多维度的业务绿色识别体系缺乏手段。当前的数据披露并不足以实现环境效益测算和环境监测预警，安全的数据使用权限、及时可靠的多方系统数据对接等方面有待攻克，提高绿色金融市场信息透明度、高效收集和整理生产经营各个环节的碎片化信息的目标有待不断推进。

从应用主体和区域分布看，绿色金融科技布局集中于北京、上海，受金融市场不发达和金融技术基础设施薄弱所限，地方乃至偏远地区、乡村等长尾客户的绿色产业缺乏支持；而且金融科技目前主要赋能政府机构和金融监管部门，多集中于领先企业和大型项目，中小企业和项目融资难，资产分布不均衡；按行业看，绿色交通等领域支持力度大，绿色农业和绿色建筑领域金融支持相对不足。总体来看，地方的金融机构由于缺乏在多维场景下的不同种绿色金融产品、不同业务流程阶段的金融科技工具体系支持，只能尽量选择模式清晰和风险较低的场景提供信贷和债券服务，大量的市场需求和行业预判有待挖掘。

随着中国绿色金融体系的不断完善和规模的持续扩大，金融科技在中国绿色金融领域的运用广度和深度将不断扩大。绿色金融监管、绿色项目认定识别、绿色金融业务运营和风险控制、环境气候效益测算、信用评价等细分领域将提供准确高效的技术和服务，这为监管部门实施差异化的监管政策也发挥至关重要的作用。

实践篇

第十章
国际探索和经验

应对全球气候变化，在政策制定到实践落地，欧洲、北美和日本等地区开始得比较早，积累了较为丰富的经验。不管是碳税政策、碳交易市场规则，还是科技创新、碳中和示范建设，有很多值得学习和借鉴的经验来助力实现碳达峰碳中和。

一、欧洲实践

2019 年，欧盟首次提出碳中和发展目标，致力通过能源系统升级转型、各领域各部门协同等措施，加快欧洲碳减排进程，到 2050 年实现净零排放。欧洲作为全球经济相对较发达地区，也是应对气候变化、推动经济绿色低碳发展、减少温室气体排放等的倡导者和先行者，其具体实践对于我国探索碳中和发展路径具有参考借鉴意义。

（一）实施背景与目标

近年来，欧盟紧锣密鼓地推出气候变化行动方案，一系列重大气候政策相继出台，不断提升 2030 年减排目标，而且保持连贯性、目标明确、措施针对性很强。

欧盟在《2030 气候与能源政策框架》和《巴黎协定》中承诺“到 2030 年温室气体排放量比 1990 年减少 40%”；在 2019 年《欧洲绿色新政》中将 2030 年减排目标提高到 50%，并争取达到 55%；《欧洲气候法》明确将 2030 年减排目标提高到 55%，展现了不断加大减排力度的雄心。

2014 年，欧盟委员会公布《2030 年气候与能源政策框架》，承诺到 2030 年实现以下目标：温室气体排放量比 1990 年水平至少减少 40%，能源效率提高 32.5%，并将可再生能源在最终消费中的份额提高 32%。欧盟排放交易体系（ETS）是第一个也是最大的国际碳市场，是欧盟应对气候变化的关键政策工具。ETS 会对计划中的工厂、发电站等排放的温室气体进行总量控制，排放配额可以进行拍卖和购买，随着时间的推移，总量设置会逐渐减少。

2021 年，《欧洲气候法》将框定未来 30 年欧盟的减排目标：到 2030 年将温室气体净排放量在 1990 年水平上减少至少 55%；到 2050 年在全欧盟范围内实现碳中和，到 2050 年之后实现负排放。这一法律将根据欧盟委员会公布的 2030–2050 年碳预算指标，确定 2040 年目标制定机制。

（二）具体方法与措施

欧洲长期走在低碳发展的前列，拥有丰富实践以及相应成果，从制度安排、城市建筑、清洁能源到零碳生活园区，为实现碳中和采取多种举措。

1. 制度安排

欧盟通过碳市场的配额拍卖收入成立了两个基金：现代化基金和创新基金。将用于对低收入成员国的能源系统进行升级，包括了可再生能源和碳捕获和封存能力建设。ETS 同时也涵盖了对航空排放的限制。欧盟议会和理事会也商定了 ETS 未涵盖的部门（如道路运输、废物、农业和建筑）在 2021–2030 年的最低减排目标，以帮助欧盟实现相较 2005 年减少 30% 的目标。每个国家的这些部门需要保证森林、农田、草地的碳排放不超过其吸收量。

在道路运输方面，欧盟公布的《欧洲绿色协议》中规定新注册的乘用车必须符合二氧化碳排放标准：2015 年平均二氧化碳排放 130 克 / 公里，到 2021 年将降至 95 克 / 公里。议会和理事会已同意到 2030 年进一步减少欧盟范围内新小汽车（37.5%），新卡车（30%）和新货车（31%）的二氧化碳排放量。欧盟已经建立了一个全联盟范围的船舶二氧化碳排放监测、报告和验证（MRV）系统。大型船舶必须监测并每年报告其在进出欧盟港口的途中以及在这些港口内释放的经核实的二氧化碳排放量以及其他相关信息。欧盟立法旨在到 2020 年将燃料的温室气体强度降低 6%。据 IPCC 称，碳捕集可以消除化石燃料发电厂 80%–90% 的二氧化碳排放。然而，事实证明，欧洲实施的示范项目比最初预期要困难得多，高成本是主要障碍之一。

欧盟也通过政策指令来确保，到 2030 年，太阳能、风能、水力发电和生物质能等可再生能源在发电、运输、供暖和制冷方面至少占欧盟总能源消耗的 32%。同时也规定了可再生能源在运输部门中的份额要达到 14%。欧盟已采取措施控制氟化气体的使用，并规定 2022–2025 年之前禁止在新的空调设备和冰箱中使用它们，从而为全球淘汰氟化气体奠定了基础。

2. 城市建筑

M. Szmigiera 2021 年 12 月发表的 *Degree of urbanization 2021 by continent* 中数据显示，欧洲大陆上有大约 75% 的人口生活在城市。因此城市成为人们应对气候变化的前沿阵地，同时也要求从能源、交通、住房等各个方面进行低碳创新和改革来实现巴黎协定的目标。

在建筑领域，欧盟将通过使用智能能源管理系统加快建筑改造速度并希望转向使用更节能的系统，从而提高新建筑的能源效能。

荷兰的阿姆斯特丹启动了一项“智能蓝－绿屋顶”计划来减少暴雨洪涝的风险，同时该计划也能起到节约水资源和改善环境的作用。安装智能雨水回收装置、光伏发电设备以及种植绿植等措施，不但可以收集雨水，降低房屋温度，还可以根据天气的变化来智能调控回流装置从而降低建筑的能耗和碳排放。在该项计划下，阿姆斯特丹将有约 10000 平方米的屋顶被改造成“智能蓝－绿屋顶”。并且还通过行为科学等方式来进行宣传，以“让屋顶焕发生命”为口号，让屋顶所有者自愿加入这一计划中。

意大利的佛罗伦萨则大力建设智慧城市，通过大数据和人工智能的手段来实时监测交通、用能、空气质量、交通灯、垃圾处理、停车场等情况，并通过居民移动端的 App 来推送环境信息。西班牙的里斯本则启动了包括生物多样性、水资源管理、增加城市森林碳汇等形式来推动绿色城市建设。其目标是通过积极引导公众参与，协调公共和私人机构，在里斯本种植超过 24 万棵树。这对南欧城市在应对气候适应方面的挑战具有重大的示范意义。

丹麦低碳城市发展主要以建设低碳社区为主，遵循零碳、零废弃物、可持续交通、当地材料、本地食品、低能耗、动植物保护、文化遗产保护、公平交易及快乐健康的生活理念。最为出名的是于 1980

年建成的丹麦 Beder 太阳风社区，其具体的建造和日常管理维护等方面是由居民自发组织起来的，最大的特色是公共住宅的设计和可再生能源的利用。社区内共有约 600 平方米的太阳能板以及风塔设备来生产清洁能源，并通过社区内的菜园增强区内物质循环，减少对外部的资源依赖和运输能耗。

英国在低碳城市规划和建设方面一直处于领先地位。英国低碳城市项目主要依靠 2001 年成立的碳信托基金会和能源节约基金会来推动，并且在启动之初重点确定了在建筑和交通领域推广可再生能源应用、提高能效和控制能源需求的目标。伦敦市低碳城市建设主要推行的政策有“绿色家居计划”、发展低碳及分布式能源供应、降低地面交通运输排放以及优先鼓励公共部门自身减排。英国著名的伯丁顿社区成为世界自然基金会和英国生态区域发展集团倡导建设的首个“零碳”社区，其设计思想主要是最大限度地利用自然资源、减少环境的污染与破坏、实现化石燃料零使用，并且在废弃物处理方面实现循环利用。更具意义的是伯丁顿社区通过菜地、艺术文化设计实现了低碳与人文的和谐共生。

3. 清洁能源

自古以来，由于受到地理位置和自然资源的匮乏的影响，荷兰通过不断的技术创新来应对社会的挑战，以灵活、务实和开放的精神开创了世界领先的清洁能源行业。荷兰在全球创新指数中排名第二，同时也是世界第五大商品出口国和第五大对外投资国。通过创新的校企合作以及灵活的投资方式，荷兰的相关科研机构已经在光伏技术、生物基燃料等领域取得了开创性的成果，这为荷兰向清洁能源转型打下了良好的基础。2018 年，荷兰出台了一份详细的《气候协定》，并有近 80 个行业协会和团体签署，其目标是在 2030 年前将二氧化碳的排放量较 1990 年水平减少 49%。为应对电力、交通、工业、农业、建筑环境等高碳排行业的减排问题，将大力推行可再生能源、能源存储和智能电网技术，支持电动汽车、公共交通、生物燃料及无排放物流发展，加大电气化力度并推广 CCUS 和循环制造等技术，并积极寻求天然气供暖的替代方案和工业二氧化碳及余热再利用的途径。

荷兰的生物质能技术集团 BTG 已经开始利用木材废料生产生物油，并且正在建造世界上第一个能将这种油转化为 100% 绿色船用海洋生物柴油的炼油厂。在脱碳领域，荷兰的企业也着重从能源效率、可持续过程热量、电气化、循环制造等方面进行创新。最具代表性的是，enerGQ 通过能源管理软件并结合自我学习技术来跟踪和可视化过多的能源消耗，从而能实现 10% 到 30% 的节能降耗。在循环制造方面，荷兰以人均 1700 千克的已回收废物值领先于欧洲，并且正致力于通过机械回收技术在废水和烟道气中收集有价值的化学物质和材料。荷兰自 2018 年起，新建造的房屋已不再与天然气网络连接，在未来十年内，计划有 150 万套现有房屋将停止使用天然气，进而采用电作为采暖、制冷和烹饪的主要能源。荷兰的电动车比例在欧洲位居第二，由于风能和太阳能的大量增长，电网运营商已经通过配电网络数字化等方法提升运营能力和电网稳定性。荷兰每年生产超过一亿立方米的绿色可燃烧气体，其中大部分是通过厌氧消化技术实现的。SCW 和 Gasunie 新能源公司已经建成了世界上第一台通过处理包括粪便和污水污泥在内的各种湿废物来生产绿色可燃烧气体的机器，总产能约 20PJ。海上风能也是荷兰在重点发展的领域，其将成为能源转型的基础，预计到 2030 年，北海上将建立 11 吉瓦的风电场。在太阳能技术的应用方面，荷兰的公司也越来越多的关注到空间稀缺的问题。因此催生了带有集成太阳能电池的高端建筑部件，以及满足不同颜色、形状、柔性的光伏新材料和薄膜，浮式太阳能发电厂也得到了大力的发展。

4. 零碳生活园区

柏林市中心的欧瑞府零碳能源科技园（EUREF Campus）使面向未来的智慧城区已经成为现实。自 2008 年以来，这个位于 Schöneberg 区周围的已有 125 年历史的传统工业区和能源中心，逐渐地转变为结合了工商业，工业，科学和政治的面向未来之地。如今，有 3500 多人在这里的 150 多家组织、机构、初创企业以协作、开放的模式从事关于电力、交通和可持续的工作、研究和学习。生态和经济上的可持续发展理念已将 Schöneberg 区这一科学之地转变成一个革新和未来主义项目的集中地，这在欧洲是独一无二的。

综合利用可再生能源（例如太阳能和风能，生物质能，本地的智能微电网，最先进的高能效建筑和电动车辆）使这里成为碳中和城区。能源管理和自动化的创新解决方案取自施耐德电气的技术组合，使欧瑞府园区成为能源转型的先行军。欧瑞府园区使用了多种能源——光伏发电设备、小型风机和以生物甲烷为动力的热电联产装置——为建筑和电动车辆供电、供暖和制冷。通过能源流和数据流的可视化展示并配合使用电能和热能存储单元，对电网进行智慧控制和调节，优化了整个系统的效率。从而提供可预测的能源流来减轻公共电网的负担，并增加可用的可再生能源数量。

在欧瑞府园区中，所有新建筑中安装了全面的能源监测系统，以提高人们对能源消耗水平的直观认识。并且使得对园区办公楼的租户和从世界各地来欧瑞府园区参观的各种访客可见。欧瑞府园区还拥有德国最大的电动车辆充电站之一，各种建筑和车棚顶上的光伏系统为电动汽车充电提供可再生能源。可以进行传导式和感应式充电，另外双向充电正在测试中。欧瑞府园区设有70多个充电点，可以使用2型插座的标准交流电技术以及快速充电和感应充电技术。即使是公共汽车、其他公用车辆以及自行车，也可以在移动充电站轻松充电。

在欧瑞府校园里，通过校企合作的方式，支持园区学位课程的内容设计，并在实际应用项目中老师通过课程实践的方式对学生进行指导。例如，2015年，与施耐德电气合作开发的国际"能源管理"硕士课程在柏林工业大学开课。每年都会有30名新申请人被选拔出来，学习和讨论从全球能源管理到能源经济，基础设施和技术解决方案，再到能源法的一系列问题，并配合高级实践课程。为了支持有潜力的学生，施耐德电气每年都会在EUREF Campus内的学生中选拔，为其颁发奖学金。

（施耐德电气蔡婷婷为本章节提供案例支持）

（三）显著成效与价值

欧洲完成工业化较早的国家约有60年的时间完成从碳达峰到碳中和的过渡，在碳排放治理领域已积累了较多经验，并具有较大成效和价值。在制度安排上，为实现社会可持续发展，欧盟委员会以绿色发展与碳中和为核心，于2019年推出《欧洲绿色新政》作为引领欧盟未来社会发展的关键指导性文件，为欧盟绿色低碳发展之路奠定了坚实的政治基础。在清洁能源上，电力部门作为重要的能源转换利用部门，提出将快速淘汰煤炭利用，主要依靠可再生能源，并对天然气利用进行脱碳处理，产生了显著的碳排放强度效应，有效抑制了碳排放的增长。在城市建筑上，比利时和德国在超低能耗绿色建筑方面处于领先地位，以"被动房"为代表的超低能耗建筑、近零能耗建筑成为当前普遍趋势，且应用范围从最初的中低层小型项目已扩展至大型公共建筑案例上，同时老旧城区和工业园区等既有建筑也被列入改造日程。在交通运输上，欧盟除了加快道路交通低碳发展和重点围绕扩大铁路与内河运输运力两个方向发力外，同时致力于提高可再生交通燃料的占比，并积极推进交通工具电气化，交通运输效率得到大力提高。

（四）启发与展望

欧洲等发达国家比我国更早开始“碳中和”探索，并在一定程度上取得了令人可喜的结果。清华大学能源转型研究中心常务副主任、能源转型万里行活动队长何继江说，以绿色为主体的新兴电力系统在欧洲多国快速发展，“这种发展路径是可复制的”。在建设以新能源为主体的电力系统方面可以充分借鉴欧洲经验，因地制宜开发绿色电力。挪威是北欧电力体制改革的领头羊，1971 年就率先改革，1991 年建立国家电力市场。目前是全球水电比重最高的国家。除此之外，可再生能源也是一大实现低碳的路径。特别是以荷兰、瑞典、丹麦等为代表的供热大户，将能源转型作为实现碳中和目标的重要手段，充分利用太阳能、风能、生物能等可再生能源，形成分布式智能能源网络。发达国家的碳中和历程和政策走向对推进我国实现碳达峰、碳中和有重要意义。

二、北美实践

在地广人稀且气候差异明显的北美地区，来自居民和交通的碳排放占据了很大的比例。除各州和各省自主实施的碳中和政策和加拿大政府在全国范围内推行的征收碳排放税的政策外，北美地区的诸多学者从行为科学的视角出发，积极探索如何通过更有效的政策和激励措施促使人们在比较低的成本下主动减碳，对于我国从微观层面推进碳中和具有借鉴意义。

（一）实施背景与目标

美国的碳排放于2000年左右达到峰值，但由于美国两党交替变化且执政理念不同，美国的气候环境政策出现多次摇摆。在2021年重返《巴黎协定》后，在政治上把气候变化作为外交和国家安全战略，在技术上则加速清洁能源技术的创新，经济上计划投入2万亿美元用于交通、建筑和清洁能源领域的投资。美国电力部门计划于2035实现碳中和，将建筑库存的碳足迹减少50%；到2050年实现100%清洁能源，达到净零排放。加拿大联邦政府承诺在2030年的碳排放较2005年下降30%，并在2050年实现碳中和。主要的政策措施集中在固废、电力、农业、重工业、建筑、交通以及油气行业。

（二）具体方法与措施

北美的碳中和实践主要集中于各州和各省自主实施的碳中和政策以及在个体和家庭层面利用行为科学推动居民低碳行为两大方面。

1. 碳中和政策

美国的州政府在政策方面则比联邦政府更加激进和完善。以加州为例，早在2006年便通过了《全球变暖解决方案法》，该法案规定加州的碳排放规模在2050年要下降到1990年水平的20%。在碳交易政策方面，加州也制定了较为成熟的交易机制，州层面的碳交易也比较活跃，目前加州碳交易制度下覆盖的碳排放量占总额的85%；加拿大的英属哥伦比亚省在应对气候变化方面一直比较积极，提出省级公共部门要监测碳排放量并采取措施来抵消碳排放。而在政策方面，早在 2008 年便开始实行碳税。2016 年 12 月，加拿大除萨斯喀彻温省以外的所有省份和地区签署了《泛加拿大清洁增长和气候变化框架》，各省和地区均需纳入碳价机制来控制碳排总量。在实施碳税政策的省份与地区，2018 年对每吨碳排放至少征收 10 加元的碳税，并通过逐年增加，目标是在 2022 年涨至每吨 50 加元。

2. 个体和家庭

个体和家庭可以践行的低碳行为大体可以分为两类。第一类是“低频率，高成本”的行为。比如将家中的取暖、空调、和通风系统升级为更节能的产品；换购新能源汽车；购买其他节能电器。第二类是“高频率，低成本”的行为。比如减少空调使用，在夏天将空调调高，在冬天将空调调低；减少私家车的使用，增加公共交通使用，拼车通勤；减少食物浪费；对垃圾进行分类、多回收利用。行为科学（Behavioral Science）正是探讨如何改变人的行为的科学。它基于决策学、社会心理学和行为经济学，关注情境因素对人的行为的影响。在北美，行为科学在推动个体进行更健康的生活方式（如：多吃健康食品，多健身），做出更理性的经济决策（如：减少冲动消费，增加储蓄），更好地完成设定的任务目标（如：高质量地完成工作任务），更负责任地履行公民义务（如：诚实并及时地填报税表，积极在选举中投票）等方面做出了颇有成效的探索。北美的行为科学在低碳行为领域进行了一定的探索——但规模不如上述领域，因为低碳行为并不是过去几十年北美的热点话题。具体说来，已有的行为科学的研究测试了如下五类有可能促进低碳行为的干预方案。

（1）提供信息。比如举办讲座教育居民节能的方式，在居所内提供节能小贴士，为家电贴上节能标签，让居民了解关于气候变化的统计数据。这一干预方案被最频繁地使用，然而，单单使用这一方案，被证明最无效。这一方案的假定是，只要人们了解到了不同行为对碳排放影响的数据，人们就会调整行为，减少碳排放。但事实是，了解信息可能都不足以让人们形成要改变的意愿，更不足以转化成真正的行为。毕竟，大量行为学研究表明，“行为意愿”（“我想做什么”）和“行为”（“我做了什么”）之间的沟壑是普遍存在的。

（2）劝说 / 请求。比如将低碳行为与社会责任感、人道主义的使命感或者人类作为命运共同体的合作需求结合在一起。这一干预方案的效果也有限——毕竟人在大多数情境下都是自私的，更关注自身利益的。

（3）让个体在“心理上”参与进来。比如让人们设置具体的节能和环保的目标，形成执行的心态，并提升他们对这些目标的承诺感。再比如让人们对环保这个概念以及环保的机会变得更“有心”，使他们更能识别伤害和保护环境的行为。这一干预方案有一定的效果，因为它直接将人们的心理状态设置成在进行低碳行为的状态。

（4）社会规范和社会比较。这一干预方案的前提是，人是社会性动物，特别在意自己在群体里的表现和位置。因此，提供一个参考标准，即社会规范，能让人通过比较对自己的表现有所评价。通常说来，可以使用的参照系是人们比较亲近和认同的人和群体（邻居、小区居民、公司的同事、同城的市民）的能量消耗水平（如每月的用电量）。这一干预方案有较大的效果。通常，当人们发现自己的能耗水平高于参考系的平均值时，都会纠正自己的行为。但这一方案也有一个潜在的问题，就是初始能耗水平低于参考系平均值的人，在得到反馈后，有可能增加下一阶段的能耗值，因为他们可能也本能地向参照系的平均水平靠拢。因此，一个更进一步的方案是，在提供社会比较信息的同时，提供评价性信息。即，对于初始能耗水平较低的人，给予肯定的评价（如一个笑脸符号）；对于初始能耗水平较高的人，给予否定的评价（如一个哭脸符号）。这样能更有效地帮助人们解读社会规范和社会比较信息，调节下一个阶段的行为。

（5）降低低碳行为的难度。这一干预方案的前提是，人是喜欢方便的，会选择阻力最小的行为路径。因此，通过改变环境的设置，移除那些让低碳行为变得困难的因素，就能增加低碳行为。一些例子包括改变公共区域空调的默认温度（冬天更低，夏天更高），将回收垃圾桶放得离普通垃圾桶更近。

（三）显著成效与价值

相较于基建的完善、科技的进步以及政策的落实等较长时间才能完成的碳减排措施而言，个体和家庭的行为能够在短期内快速地对碳减排产生积极影响。Dietz 和同事（2009）基于多个在真实生活情境中进行的随机对照组行为学实验的结果，在《美国科学院院报》（PNAS）上发文预测，如果能在美国全国范围内全面发起推动个体和家庭的行为改变的项目，那么 10 年后，美国将能减少 20% 居民排放量，也是总排放量的 7.4%。然而在现实中，因为政策障碍或激励机制匮乏，这些项目并没有得到全面广泛的实施。但不可否认的是，将行为科学融入促进低碳行为的干预方案对于促进碳减排具有更加积极的影响。特别是综合使用不同干预方案以及降低低碳行为的难度等干预措施能够有效降低个体低碳行为成本，促使低碳行为发生。

（四）启发与展望

通过行为科学推动居民低碳行为的北美实践为我国提供了新的思

路，碳达峰碳中和的达成除了需要建设相应的基础设施，发展创新的低碳科技，制定有效的碳交易方式等，还需要推动国民（个体和家庭）完成低碳行为。在实现碳达峰碳中和的过程中，需要行为学、经济学、和工程学的互联，也需要全社会对低碳这一目标的渴望。我国国民的低碳意识正在萌芽，我国在低碳领域的行为学研究才刚刚起步。行为科学如何能在中国独特的社会文化，中国国民独特的社会心态下，摸索出促进低碳行为的最佳实践，是应该被提上议程的科研目标。

三、日本实践

作为典型的资源约束型国家，日本在降碳过程中实现了碳排放与GDP的脱钩以及节能降耗与产业升级的匹配，对于我国在降碳过程中实现产业升级、经济转型和维护能源安全具有重要的经验借鉴和启发作用。

（一）实施背景与目标

日本环境省的数据显示，日本的碳排放峰值出现在2013年，约为14.08亿吨，人均二氧化碳的排放值要低于欧盟的人均水平。从碳排放比例上看，能源活动产生的碳排放占了总量的近90%。日本在工业化发展时期也经历过重污染等环境问题，加上自然资源匮乏，因此一直在寻求能源结构转型并加强能源安全的方法。

日本国家层面的碳排放战略和最新减排目标为2030年较2013年的峰值减排46%，力争在2050年前实现碳中和。从能源比例上看，到2030年日本的核能、液化天然气、煤炭和可再生能源占了95%以上；而在电力需求方面，2050年的需求量将比目前增加30%–50%，其中超过一半的电量将由可再生能源提供。

（二）具体方法与措施

日本在碳中和的实施路径上，重点关注能源、制造业、运输业、生活方式方面，从供给侧和需求侧同时发力助推低碳社会转型。

1. 制度安排

首先，日本从政策上发布了一系列政策鼓励企业从劳动密集型向创新驱动型转型。其次，日本从20世纪90年代便开始积极推进国家气候变化政策，并建立了碳交易体系。同时，在低碳社会转型方面，日本提出了在海上风能、电动汽车、氢燃料等领域进行重点投入，并通过技术创新和绿色投资等方式加速向低碳社会转型。日本从基金预算、税收改革、绿色金融、环境监管等方面帮助促进企业生产脱碳化，通过公司债券市场活跃ESG投资，并且加强与主要国家的合作来争取市场和推进标准化的制定。

2. 能源利用

在能源供给侧，日本政府大力推广海上风电，加大国际合作，促进投资和供应链国产化，实施目标是在2030年建成10GW。在新型燃料方面，氨燃料和氢能被列为重点发展领域和创新突破点。支持氢能发电涡轮机等相关设备等商用化，并加速氢燃料电池和加氢站的规模化利用。在核能利用方面，支持日企开展小型规模化反应堆安全示范工作，并开始利用高温气冷堆开发高温制氢技术，力争到2030年生产大量的无碳氢。日本将开展核聚变原型堆建设计划，推动开发核聚变反应堆的高温热生产无碳氢技术，积极参与国际热核聚变反应堆计划，加快与国外企业的项目合作。在氢能利用方面，日本重点关注燃料电池汽车与分布式能源发展。计划在2030年推广80万辆燃料电池汽车；在能源需求侧，2011年日本大地震后，日本在需求侧展开了“全民大节电”措施，针对大企业、小企业、政府及公共部门、以及居民部门采取了不同的限电措施。

3. 制造及运输业

在汽车和蓄电池等优势产业，日本将在 2030 年中期实现电动汽车在新乘用车销售占比 100%，并在动力电池、燃料电池、发动机等电动汽车相关技术上加大研发，完善供应链并变革汽车的使用方式。在半导体和通信领域，将完善 5G 基础设施建设，优先开发下一代低功率半导体，在 2030 年前实现占全球份额的 40% 的目标；船舶运输行业将大力推行无碳替代燃料的转换，近距离和小型船只采用电池推进系统和氢燃料电池，而大型和远距离船舶则采用氨燃料发动机等系统。通过打造绿色物流、提高交通网络枢纽运输效率，实现基础设施和城市空间的零排放，并推动建筑行业的信息化建设，利用电力、氢燃料、生物质等能源实现建筑行业的零碳化。在航空领域拓展全电动小飞机和氢动力飞机，力争在 2035 年前后投入使用，并通过大规模生产生物质喷气燃料，降低成本，实现在 2050 年前低于汽油价格。

4. 生活方式

由于资源匮乏和空间狭小，日本在资源循环利用方面有着非常先进的经验和国民意识。其中包括了利用大数据、人工智能等技术对电动汽车、蓄电池等用能进行优化，同时将大力发展高性能建材与设备如隔热窗框和太阳能电池建筑墙面等。日本积极构建零能耗建筑系统，通过各类智能优化和加强居民配电系统的灵活性，提升可再生能源在居民用能中的占比。并通过区块链、智慧城市等技术打造绿色生态舒适的社区试点，推行共享经济和先进气候变化预测技术，来加强气候适应。

（三）显著成效与价值

在政策安排上，日本构建的碳交易体系实现了区域地方政府的联动以及和国际碳市场的接轨，获得了比较好的减排效果。特别是日本在国际上购买碳排放配额，不但为国家经济发展争取了一定的空间，还提高了日元在碳交易结算中的地位，帮助日元在碳交易国际金融体系中成为主要货币；在能源利用方面，日本在核能、氢能的利用上均取得了显著成效，于2009年成为世界上第一个销售家用燃料电池的国家，2019年末已累计销量超过30万台。日本的燃料电池已进入普及应用阶段，为家庭和工商业分布式电源提供了商业化的产品和解决方案。例如松下的“能源农场”家用燃料电池可以满足供暖和热水的需求；“全民大节电”整改措施行动使东京电力夏季日最大负荷在2011年同比2010年下降了16.3%，从能源需求侧角度加速了了低碳社会转型步伐。同时，在制造及运输业推进的一系列有力举措将帮助日本以实现全球发展为目标，发展混凝土固碳、二氧化碳制燃料、光催化剂、二氧化碳分离回收等技术，形成具有竞争力的碳循环产品推动低碳社会转型中的成本降低和应用普及。

（四）启发与展望

作为产业升级的典范，日本在数次技术创新换代的浪潮中抓住了机遇，逐渐从劳动驱动型发展到资本驱动型，再到技术驱动和创新驱动型。总体来看，日本勇于在全球范围内抓住数字化浪潮，用科技提升减碳效果，是政策引导产业升级的典范，也是资源循环利用的践行者。我国可以借鉴日本经验的基础上，结合实际情况，发挥制度优势、政策优势、地区优势，将碳中和融入经济、政治、社会、生态文明与文化建设的多方面。

第十一章

中国智慧和中国方案

在中央碳达峰碳中和“1+N”政策体系的指导下，中国各地区和行业也根据自身的发展情况展开了丰富多样的碳达峰碳中和实践行动。有各个区域政府牵头的绿色低碳示范性工程，也有创新型企业积极探索产能升级和降本减碳，同时还出现了在社区、学校中鼓励公众践行低碳行为的项目，而公益事业的加入也让碳达峰碳中和事业更具备了普惠性和传播效益。

一、地方政府探索绿色低碳发展

地方政府在促进绿色低碳发展的实践中扮演了重要角色，在坚持立足国情、稳健实施、不搞“运动式”减碳等原则下，结合当地经济发展的特色和规划，积极探索碳达峰碳中和的示范试点建设。

（一）降碳背景下的地方政府责任

从我国改革开放的过程来看，地方政府在执行党的政策、促进经济发展、保障民生安全中具有重要作用。地方政府是党中央和基层民众的“连接器”，一方面地方政府需要领会中央指示精神从而实现中央政策的推进与落实；另一方面地方政府需要将基层政策的实践经验进行“上传”从而实现党中央对基层民情的有效了解，而我国要实现碳中和碳达峰的宏伟目标依然需要地方政府在其中扮演重要角色。

地方政府在助力“双碳”目标实现中的责任体现在如何将宏观目标具体化和可实践化，因为碳排放涉及人类活动的方方面面，要想实现碳总量的下降就需要对碳的排放结构和居民需求结构进行分析，从而努力实现降碳成本最小化。这对地方政府而言即是挑战也是责任，地方政府需要权衡当下与长远、环保与经济、政策与民生之间的关系，努力实现在坚持立足国情、稳健实施和不搞“运动式”减碳等原则下，结合当地经济发展的特色和规划，积极探索碳达峰碳中和的有效方式。

（二）地方政府促进低碳进程实例

1.“一闸三线”工程——融合碳中和、助力乡村振兴

水是经济社会发展的基础性、先导性、控制性要素。永泰县政府为实现水利行业的碳达峰、碳中和行动，在深入落实“节水优先、空间均衡、系统治理、两手发力”的治水思路的基础上，以节约和保护水资源为核心，创新治水理念与技术，降低水利工程能源资源消耗，减少因水利规划、设计、建设、管理等方面产生的环境污染，以最小的成本获得最大的经济和环境效益。在优质水资源、健康水生态、宜居水环境等多个方面实现升级，从而实现水资源永续利用和水利事业可持续发展的水利目标，有力推进了社会经济、生态环境等多方面的可持续发展。

永泰县的母亲河——大樟溪，是闽江下游右岸最大支流，生态环

境良好，水资源丰富，境内流域面积 2177 平方公里，多年平均径流量 19.59 亿立方米，是福州市第三水源和闽江口城市群重要的战略水资源库。总投资近 60 亿元的福建省平潭及闽江口水资源配置（“一闸三线”）工程，于 2018 年 6 月份开始全面动工兴建，并将于 2021 年底实现通水目标。该工程取水口位于永泰县塘前乡莒口村，每年从大樟溪引水达 6.46 亿立方米，供水范围覆盖长乐、福清等闽江口城市群及平潭综合实验区，受益人口 580 多万，支撑供水区内 2000 亿元以上的 GDP 产值。同时，为了保证生态治理的可持续性，永泰县通过将大樟溪流域生态保护成本纳入“一闸三线”工程生态环境水价，以获取所需资金。通水后，将以 0.2 元 / 立方米作为生态补偿费用，预计每年可将增加永泰县财政收入 1.292 亿元。

当前，在全球加快能源绿色低碳转型的新形势下，“一闸三线”工程在助力实现碳达峰碳中和中起到了应有的作用；同时，在发挥资源优势中为助力乡村振兴提供了借鉴。碳源，既来自自然界，也来自人类生产和生活过程。减少碳源一般通过二氧化碳减排来实现，增加碳汇则主要采用固碳技术。“一闸三线”工程整体设计贯彻“节能、节地、节材、节水”的理念。该项目是引水工程，采用隧洞和管道结合、以隧洞为主的思路，减少了工程占地，有效保住了原有的青山，实现了固碳目标；同时，工程建设过程是一个消耗能源的过程，主要有汽油、柴油、水和电能等，该工程设计在施工中优先采用电动、液压等能耗低的机械设备。工程施工中洞（井）石方开挖单位耗油指标为 19.0t/ 万立方米，单位耗电指标为 12.0kwh/ 立方米。每公里洞（井）土石方约 1.5 万立方米，采用电动机械每公里洞（井）减少耗油达 28.5 吨，可减少碳排放 88.77 吨，实现了工程建设中减少碳源目标。

实现碳中和，减少碳排放是基础工程，人类社会经济活动的干扰是二氧化碳含量增加的主要因素之一。为有效降低碳排放量，应在社会经济活动中深入贯彻绿色发展理念，开展生态友好型和资源节约型的规划设计。水利工程建设时也应注重水域环境的改善，通过实现低的水资源消耗、水污染和污水排放，降低供水、水处理和污水处理所需的能源资源消耗，从而减少因人为原因而产生的二氧化碳排放。充分利用现代科技，运用智能化、数字化技术是实现工程建设与生态环境发展相融合的关键。该引水工程泵站水力机械设备主要包括水泵电动机组、供排水系统、起重设备。通过技术经济、环境保护和节能降耗等综合分析，工程最终确定水力机械系统和运行方式。莒口取水泵站年总耗电量可降低 78.52 万千瓦时，年减少碳排放贡献指标达 2750 吨。

同时，以“一闸三线”工程建设为契机，以保护水源水质为目标，落实系统治理措施。永泰县每年至少投入 1.2 亿元资金，用于大樟溪流域生态环境治理。通过整治禽畜水产养殖等农业面源污染、取缔非法砂石转运点、关停水源保护区内的所有工矿企业、新改建污水处理设施、建立水生态保护区以保护生物多样性等一系列措施，确保了大樟溪水质稳定在Ⅱ类以上。从而实现了绿色可持续发展，为碳中和奠定基础。

迈向新征程，乡村振兴成为新使命。在碳达峰碳中和目标下，乡村振兴是全面振兴，目标是实现产业振兴和生态宜居相融合，在低碳生活中享受更健康的绿色生活。习近平总书记的“两山”理论，为全面实施乡村振兴提供了资源和动力。“一闸三线”工程实现了由水资源丰富的地区向需水地区提供优质水源的目标，需水区则将水资源向一、二、三产流转，推动经济发展，并将发展成效以生态补偿的形式反哺供水区，让优质水资源变为优质资产，从而实现经济价值；在“双碳”目标约束下，以生态补偿方式解决生态保护者和生态受益者之间公平利益分配机制缺失的问题，能从根本上理顺生态保护与产业振兴的关系，实现跨区域优势互补，合作共赢。正以此，永泰县综合考虑生态功能价值、生态保护成本、发展机会成本等多因素进行水价核算，将大樟溪流域生态保护成本纳入“一闸三线”工程生态环境水价，推进建立水流域生态保护补偿机制建设。以固碳为目标的系统整治为实现“两山”转化做出了先行先试的探索。

莒口生态拦河闸，承担跨区域调水功能

（中共永泰县委为本章节提供案例支持）

2. 保护沙漠，筑起绿色长城

有研究表明，塔克拉玛干沙漠流沙具备固碳功能，流沙年均可吸收 160 万吨二氧化碳，相当于约 1000 平方公里森林每年吸收的二氧化碳，具有不可忽视的固碳能力。沙漠生态系统的固碳能力尽管比森林和草地等生态系统弱，但在我国西北干旱区以荒漠为主要生态系统的大背景下，也为减少碳排放、减缓气候变化发挥了积极作用。在以荒漠为主要生态系统的大背景下，新疆生产建设兵团第一师阿拉尔市把沙漠作为一种重要资源，坚持治理沙漠和植树造林并举，大力保护沙漠生态系统。

新疆生产建设兵团第一师阿拉尔市是距离塔克拉玛干沙漠最近的城市。60 多年来，第一师阿拉尔市历届党委以“治理沙漠”和“造绿”为己任，治理好沙漠的同时将绿洲向沙漠延伸了整整 20 公里。60 多年来，一代代军垦人深入沙漠腹地，新建团场、发展产业，累计建成 10 万亩沙漠生态治理林和 180.99 万亩的防护林，把塔里木千年荒原变成了生态家园、粮川棉仓、“塞外江南”，创造了戈壁成花园、大漠变绿洲的人间奇迹。

“十三五”期间，第一师阿拉尔市共计完成造林面积 4.45 万亩，封沙封育面积 8 万亩、退耕还林面积 8.84 万亩，草原禁牧 28 万亩；草原退牧还草 5 万亩、5000 亩人工饲草地建设和 5000 亩不良草地改良建设，退化草原修复治理 3.2 万亩、草原鼠虫害防治 6 万亩，建立较为完备的森林草原监测及管护体系，森林覆盖率达到 17.39%，森林蓄积量 309.36 万立方。仅在 2021 年，第一师阿拉尔市已组织上阵总人数近 13 万人次，种植树木 250 多万株，完成植树造林面积共计 2.25 万亩，封沙育林 3.5 万亩。

通过以上举措，第一师阿拉尔市为保护沙漠生态、固碳降碳做出了积极贡献的同时也有效改善了人居环境，第一师阿拉尔市的干热风、沙尘、浮尘等自然灾害明显减少。绿色优美的风景让第一师阿拉尔市逐渐成为南疆休闲旅游胜地，塔克拉玛干·三五九旅文化旅游区——沙漠之门、睡胡杨谷、塔河源生态旅游景区、昆岗巨人部落等景区每年都吸引疆内外数十万游客到访。

如今的阿拉尔，坚持持续做好沙漠治理、建好沙漠绿洲的同时，正以昂扬的斗志、蓬勃的姿态阔步走在南疆兵团中心城市的建设征程上，发展潜力巨大，各类商机无限，日益成为投资创业的热土，吸引着八方商客来投资兴业。

第一师阿拉尔市 80 多个单位 1500 余人在 150 亩的戈壁荒滩栽植树苗 3.5 万余株。

第一师阿拉尔市已建成防护林

（新疆生产建设兵团韩若昊、浙江省绿色科技文化促进会董舒为本章节提供案例支持）

（三）地方政府在推动低碳实践中的经验与启示

自从碳达峰碳中和目标（“双碳”目标）提出以来，各地方政府积极响应国家政策，因地制宜的推动降碳事业的发展。从各地实践情况来看，目前地方政府在碳治理实践中已经形成了如下经验与成效：第一，地方政府的降碳行动已经取得了显著成效，各地对于石化、钢铁、水泥等重型产业进行了有力整治并在较短时间内对我的碳排放进行了有效控制，体现了我国在碳治理方面具有的独特制度优势；第二，各地政府已经改变发展思路，将低碳绿色发展作为未来前进的方向，具体包括积极开展低碳绿色产业的引进、重视并鼓励科技进步在实现“双碳”目标中的作用等，产业与技术的变革是地方碳治理中的重要依托，这也是地方政府实现绿色发展的有力抓手；第三，地方政府将乡村振兴与“双碳”目标成功耦合是一大重要经验。我国广袤的乡村地区既是我国行政体系的基层又是生态文明建设的排头兵，各地在实现乡村振兴中将乡村的生态资源进行开发与利用，一方面实现了乡村生态助力乡村振兴的目标，另一方面生态文明的建立为实现“双碳”目标提供了坚实的基础；第四，将“双碳”目标纳入干部考核体系之中，形成有效的激励机制。在任何社会合作体系中激励机制往往是体系运转的关键，在碳治理过程中地方政府已经成功探索出将双碳目标纳入干部考核体系的成功经验，这极大提升了各层管理者投入降碳事业的热情，也为政府治理与地方发展形成良性互动提供了宝贵经验。总体来看，地方政府在实现“双碳”目标中具有中流砥柱的作用，应当进一步探索地方政府在绿色发展过程中的有效方式，形成地方长期稳定的生态化发展模式，从而为实现“双碳”目标提供更牢固的保障。

二、创新企业拥抱低碳转型

相对于欧美等国，我国拥有庞大的工业体系，高排放、高环境影响的行业和企业较多。我国企业在追求经济高速发展的同时，大量消耗能源与资源，给环境与资源带来巨大压力，经济造成损失。其中电力行业和制造领域是高耗能和高排放的重点领域。截至2021年底，我国制造业企业数量超过350万家，在社会企业总数中占比超过4成，2012年至2020年我国制造业增加值由16.98万亿元增加到26.6万亿元。强大的基数与快速增长，使得制造企业的能耗总量以及碳排放总量在第二产业中占到三分之二，在我国能耗总量以及碳排放总量中占到三分之一。随着“双碳”目标的不断落地推进，社会经济建设和各行业发展均面临着历史性的变革挑战。制造业作为我国经济增长的重要引擎，同时也是我国能源消耗和碳排放的主要部门，扮演着实现“双碳”目标的主力军角色。

充分发挥企业的创新能力，通过市场调节和政策支持去带动整个碳中和产业的发展，并积极引进绿色金融等措施不断推动创新发展。不论是低碳绿色工厂的建设还是人工智能在低碳产业中的应用，低碳转型都离不开有效的政策激励和技术创新。

（一）具体举措

创新型企业、金融机构以及主管部门，在“双碳”目标下，分别从绿色低碳生产线、智能电力、绿色金融、碳足迹认证等几个方面进行了创新性实践。

1. 打造绿色低碳生产线

（1）低碳工厂

杭州市萧山欣美电气公司主要生产和销售高低压开关柜及配套元

器件，是第一个已落地行动的城市级新型电力系统示范企业。自 2016 年搬迁至新厂区以来，为响应节能降碳号召启，欣美电气公司启用“双碳”大脑平台，积极推行绿色低碳、降本增效、人文关怀理念，加快建设智慧化、低碳化厂区。

欣美电气通过大型工装设备与精益产线双驱动，有效提升工厂产能；建设了“光、储、充”一体化系统，两期光伏总计装机容量达 1750kWp，确保生产厂房用电全自给自足。公司园区内安装了 5G 风光电智慧灯杆，能实现监控、电视屏幕、充电桩多重功能。还配备了 150 千瓦储能站，为削峰填谷提供重要保障。欣美电气借助数字技术搭建微电网智能管控平台，提高发电消纳降低企业用电电费，并参与需求侧响应，调节内部负荷获取需求侧响应收益。利用人工智能进行生产分析，结合天气和电价等影响因子，实现了厂区温控系统经济运行与春秋季零碳排放运行。欣美电气 2020 全年共节约用电 182 万千瓦时，减碳 829.5 吨。2021 年 6 月 18 日，中国节能协会和中国质量认证中心共同为欣美电气颁发浙江省首张“碳中和”证书。

（浙江大学电气工程学院董树锋为本章节提供案例支持）

（2）铝压铸节能减碳技术，助力汽车轻量化

汽车轻量化是应对碳排放的行业措施，其趋势是以铝代钢和以铸代锻。全球约 20% 的铝产品由压铸制造，其中汽车行业使用约七成。我国是全球最大的铝压铸件生产国，面对行业体量大、需求持续增加、工艺高耗能和高排放的现状，铝压铸行业亟须向绿色低碳转型升级，降低铝压铸件制造的碳排放。汽车零部件轻量化设计与制造规划阶段需要评估铝压铸件的全生命周期影响，但铝压铸件制造工艺流程长、节点多、专业知识复杂，在节能减碳时很难找到关键点。为解决此问题，需要开展系统性的资源消耗和排放分析，通过量化分析定位节能

减碳的关键点并给出有效建议，避免“盲目蛮干”。建立准确的资源消耗和排放清单，提供适合我国企业 / 行业数据是量化分析的重要基础。浙江大学工业工程研究所团队自 2015 年起，先后围绕铝压铸过程的资源消耗和排放分析、熔化和保温的节能方法等节能减碳技术开展了基础研究和应用，取得三个代表成果。

①补全了铝压铸件制造过程的资源消耗和排放清单数据，识别了多个节能减碳关键点。详细划分了铝压铸件制造全过程的子过程，通过现场实采、调研整理了相较于国内外研究更完整、可配置的清单数据。运用敏感性分析方法、全生命周期评估等方法识别出熔化、保温等多个节能减碳关键点。

②提出了分布式熔化模式下熔化和保温工艺参数的节能调控方法，开展了案例应用。全面分析了该模式下工艺参数、典型事件对能耗的影响，建立了工艺参数与熔化能耗、熔化烧损、保温能耗的总成本数学模型，提出了典型事件驱动的节能调控方法，实际产线的案例应用表明可减少最高 9.2% 的成本。

③提出了集中式熔化模式下熔化和保温工艺参数的节能调控方法，开展了案例应用。重点分析了该模式下熔化和保温工艺参数、典型事件对能耗的影响，建立了工艺参数与熔化能耗、熔化烧损、运输能耗与人力、保温能耗、生产暂停损失的总成本数学模型，提出了基于离散事件仿真的关键模型参数计算，实际车间的案例应用表明可减少最高 17.0% 的成本。

在此基础上，浙江大学工业工程研究所团队正针对碳排放监控、核算、评估、优化等节能减碳关键技术深化研究，持续助力相关行业绿色发展。

（浙江大学机械工程学院彭涛为本章节提供案例支持）

2. 智能电力赋能绿色生产

除调整企业生产方式、优化能源供给之外，随着数字技术的不断发展，在能源供给方面，新一代信息技术亦能为企业的低碳转型赋能。

（1）互联电网智能调度

近年来，我国新能源快速发展，出现了较为严重的弃风、弃光问题，2017 年西北电网新能源消纳率为 78.7%。我国电网负荷也屡创新高，用电峰谷差呈现逐年增加的状态，威胁电网安全。为充分利用特高压输电通道，提出计及源荷双侧不确定性的新型互联电网智能调度技术，精准刻画新能源和负荷不确定性对调度计划安排的影响，在保证电网安全的前提下，合理安排各类型机组出力，最大限度地将西北地区新能源输送至东部负荷中心，从而降低火电机组出力，减少发电系统的碳排放量。

新型互联电网智能调度技术基于预测的新能源出力和负荷水平边界，滚动计算能够覆盖考虑电网不确定性因素的最优调度计划集合，即电网经济运行域，精细刻画各类型机组运行边界。然后基于人工智能算法，在经济运行域内实时匹配适用于当前电网运行状态的最优机组出力计划。不仅能够使电网始终处于最经济的运行状态，还能确保当新能源实际出力远大于预测出力时，电网有足够备用资源来消纳新能源。

相关技术已在国家电网公司华东、西北、江苏、上海、宁夏、新疆调控中心进行部署。相比于传统方法，计及源荷双侧不确定性的新型互联电网智能调度技术可在保证电网安全前提下减少火电开机量，实现跨区消纳西北地区新能源，促进西部经济发展。通过西北电网 2020 年全年的负荷及新能源实测数据，进行模型回测，2020 年全年可提升西北电网新能源消纳 88.5 亿千瓦时，相当于减少碳排放约 790 万吨。

（2）虚拟电厂

近年来，在新的能源生产和消费形式下，我国同时存在着临时能源短缺和长期新能源浪费的结构性问题。一方面，能源消费随着社会经济发展呈现出一定波动性，每年用电峰谷差逐渐增加，电网承受的压力不断升高；另一方面，我国快速发展新能源的同时，对新能源的消纳利用仍有不足，严重时曾出现弃风率高达 17.2%、弃光率达 13.0% 的情况，部分地区的新能源浪费比率甚至超过两成。

虚拟电厂通过先进通信技术和软件架构，能以相对较低的成本有效地解决上述两个问题。虚拟电厂将区域内的可控机组、分布式能源、储能设备、负荷、电动汽车、通信设备等进行聚合和协调优化，从而大幅提升能源生产消费效益及大幅提高可再生能源利用率。简而言之，当面临电网中绿电比例升高、用电价格降低、用电负荷较少等情况时，虚拟电厂会自动调节企业扩大生产、储能系统开始充电，反之则调节企业减少生产、储能系统进行放电，对电网呈现出虚拟发电的特性。

据统计，我国各地的一年用电高峰时段基本在 50h 之内，如果都通过建设化石能源电厂来应对的话，至少需要 5000 亿元以上规模的投资，而借助虚拟电厂技术，则只需要 1/10–1/7 的资金。虚拟电厂通过智能调度区域内的能源生产消费，替代化石能源电厂稳定电网供需平衡，除了减少兴建化石能源电厂带来的投资和碳排放外，在实际运行过程中也能持续节能降碳。目前我国浙江、江苏、上海等地均已建成区域性的虚拟电厂，仅浙江建成的虚拟电厂就已超过 10000MW，预计每年减少二氧化碳排放量可达 1380 万吨，减少标煤消耗 510 万吨。

（浙江大学电气工程学院蒋雪冬为本章节提供案例支持）

3. 碳足迹认证助力绿色出口

杭州华聚复合材料有限公司专注于从事热塑性复合材料的研发、生产、销售，并致力于整体应用解决方案的提供。公司目前的主要产品是热塑性复合材料，这些材料都具有轻质高强、绿色环保等优异特点，其应用领域无处不在，从厢式货车、高铁到航空航天；从家居、运动休闲用品到军工产品。

碳足迹是基于全生命周期评价方法而量化出产品及技术所造成的温室气体影响，确定碳足迹是减少碳排放行为的第一步，它能帮助企业辨识自己在产品生命周期中主要的温室气体排放过程，以利于制定有效的碳减排方案。本场景是阿里云—企业云服务—能耗云团队联合亿科环境、杭州华聚复合材料有限公司共同实现的面向新材料领域的产品碳足迹认证，通过对最具有代表性的 20mm 厚的热塑性蜂窝板的碳足迹计算和认证实现场景落地。本场景基于全生命周期建模理论，实现了对产品的碳足迹模型建立、数据收集、碳足迹评价、报告编制和产品碳足迹报告认证，帮助企业实现产品碳足迹的全面评价，为后续为企业实现减排目标和持续减排方案提供了基础，通过碳足迹帮助企业在同类产品形成区别，对于企业声誉提升和引导绿色消费提供帮助，在外贸场景下，能够为企业避免碳关税带来的出口困难。

工作的流程和方法：

①产品碳足迹调研与数据收集

◇ 选取试点企业产量最大、最具有代表性的 20mm 厚的热塑性蜂窝板为研究对象，对其生产过程进行线上调研 / 线下调研；

◇ 对企业生产全过程进行线上调研 / 线下调研，划分生产过程，包括蜂窝板生产、压机、涂装、雕刻、包装等过程，以及环保处置等过程，直到产品出厂为止；

◇ 通过人工和IOT设备收集调查各过程的工艺技术、能耗物耗和排放数据，整理为清单数据，并与企业确认。

②热塑性蜂窝板生命周期模型建立

◇ 利用在线碳足迹核算软件，将收集到的热塑性蜂窝板生命周期碳足迹清单数据建立为模型；

◇ 在系统中，利用中国本土碳足迹数据库，添加产品生产过程消耗的各项原材料和能源的上游生产过程碳足迹结果，完善产品的碳足迹核算模型。碳足迹核算软件系统需要支持依据标准的全生命周期过程分析，并可以内置中国生命周期基础数据库（CLCD）、欧盟ELCD数据库和瑞士的Ecoinvent数据库等国内外主流数据库。

◇ 对建立的模型进行碳足迹计算分析、数据质量评估及灵敏度分析，确定热塑性蜂窝板生命周期各过程重要的数据清单，未来应对重要数据清单进行上游供应商调查和完善，最终建立生命周期各过程数据收集模版和模型模版；

◇ 形成数据收集模版和模型模版，可便于以后企业产品碳足迹评价工作的更新，更加高效、准确的完成碳足迹评价工作。

③产品碳足迹报告编制

按照ISO14040、ISO14067国际标准，编写产品碳足迹报告，包括灵敏度分析、不确定度分析，可为内部产品设计、工艺技术研发、生产过程管理、供应链管理的改进提供分析依据

④产品碳足迹报告认证

线上发送/线下联系国内外行业权威的第三方机构对报告进行审核认证，根据审核意见修改报告，直到获得产品碳足迹证书/碳足迹标签。

产品进行碳足迹核算和认证，对于企业带来以下价值：

①发掘企业节能减排的潜力：分析产品碳足迹能够明确产品生命周期的温室气体排放情况，可以帮助企业识别能耗高、碳排放量大的生产环节，并针对减排潜力高的环节采取改进措施，实现节能，降低成本。

②提高声誉强化品牌：企业应对气候变化所做的努力是企业履行社会责任的一部分，能够影响企业声誉。企业可以将产品碳足迹作为长期战略的组成部分，并以此与市场上同类产品形成区别。

③引导绿色消费：低碳产品对消费者具有吸引力。如企业公布的碳足迹认证证书等，使消费者了解到碳足迹认证产品，引导消费者的绿色采购理念，促进可持续的生产和消费市场。

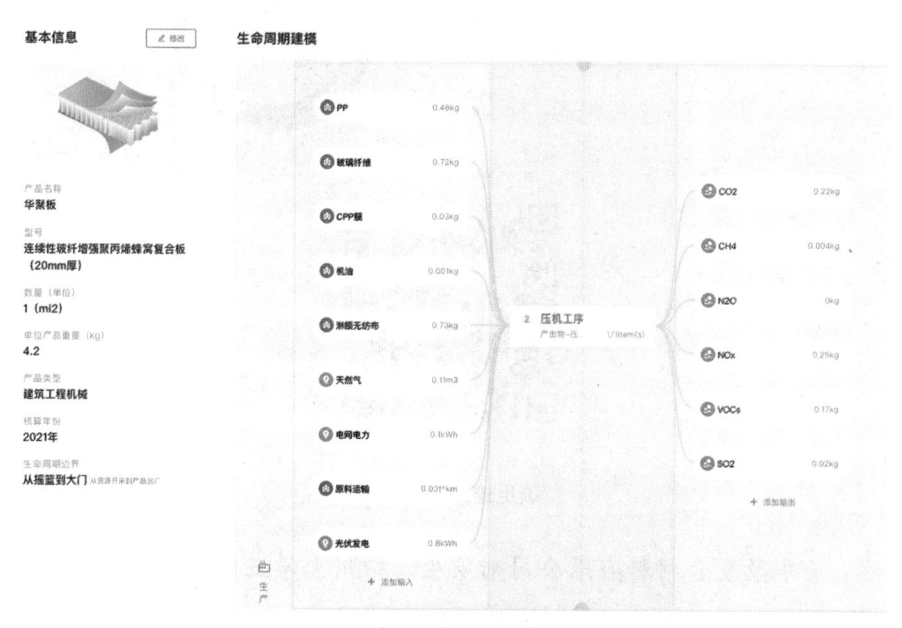

碳足迹核算建模

④应对绿色贸易壁垒：碳足迹认证能够帮助企业克服此关税问题，促进国际贸易。碳足迹标识也是企业向其利益相关方展示应对

气候变化的信心和努力的有效途径，可以帮助企业和合作伙伴更好地做出决策。

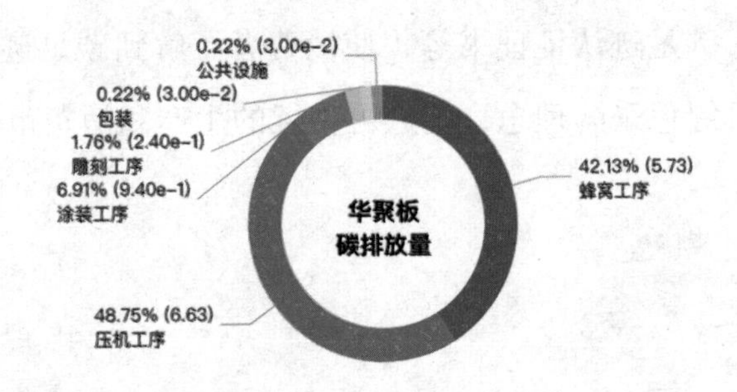

碳足迹结果与分析

（华聚复合材料有限公司刘宏生、四川大学王洪涛、阿里云计算有限公司袁灿为本章节提供案例支持）

（二）意义

以第二产业为主体的产业结构与石油化石能源高占比的能源结构

导致我国成为世界排放大国。实现碳达峰、碳中和目标是实现社会主义现代化强国、强化绿色低碳竞争优势的必经之路。作为践行绿色低碳发展的重要主体，企业顺利实现绿色低碳转型对经济高质量发展、民生福祉提高具有重要意义。

电网承担着配置电能的中枢基础地位，虚拟电厂与智能电网通过数据赋能，运用先进的信息通信技术、大数据与软件系统，将分布发散、规模较小、种类繁多的分布式能源聚合起来提高综合能效水平并参与市场交易，帮助转变用户单一角色，降低能源浪费程度。与此同时，智能电网能够进一步引导市场机制创新，促进新能源消纳，实现平价上网，全面提升社会能效，从而支撑能源系统向低碳高效转型，促进新能源产业结构重塑，助力全社会向“碳中和”目标良性发展。

产品碳足迹计算采用全生命周期方法，具有明确的、清晰的实现路径和方法依据，能够科学的评价产品的全生命周期碳足迹和环境影响，具有系统化、定量化、标准化和普适性的特点。目前市面上的碳足迹计算存在标准化和规范性问题等问题，特别是碳足迹构建过程中数据质量问题，通过采用中国生命周期基础数据库（CLCD），能够最大化的保障碳足迹计算过程中国内生产产品的数据质量。依托在线化的建模、核算和认证，可以降低整个碳足迹核算和认证的成本，实现规模化的推广，同时利用区块链技术和IOT技术的加入，能够实现整个数据和结果的可信可追溯，具有规模化复制基础。

三、低碳社区和校园践行绿色生活

实现双碳目标，发展低碳经济，并不只取决于低碳技术的开发和应用，社会选择以及生活方式和消费方式的转变同样可以对温室气体排放产生重大的影响。联合国环境规划署（UNEP）发布的一份名为《改变生活方式：气候中和联合国指南》也指出，“消除碳依赖或许比想象的更加容易，人们只需要采用气候友好的生活方式，这既不会对各自的生活方式产生重大的影响，也不需要做出特别大的牺牲”。因此，实现双碳目标，必须将低碳理念引入生活的衣、食、住、行等各个方面，推进居民生活低碳化。

支付宝“蚂蚁森林”公益平台、数字化低碳社区和低碳校园建设为鼓励居民践行绿色生活提供了非常好的场景和抓手，有助于居民养成一种良好的低碳生活习惯，形成一种良好的低碳生活方式。

（一）“蚂蚁森林”传播低碳理念

2016 年 8 月支付宝推出“蚂蚁森林”公益平台，用户通过步行、公共交通出行替代开车，网上缴费替代驱车现场缴费，在商超购物选择不使用塑料袋，点外卖选择不用一次性餐具等低碳行为节省的碳排放量，通过权威机构开发出的计量方法学，转化为绿色能量，当能量累积到一定值，用户在手机里可以兑换虚拟树或保护地，而对应的，支付宝蚂蚁森林与公益合作伙伴就会在荒漠化地区种下一棵棵真树，或守护相应面积的保护地。截至 2019 年 8 月底，蚂蚁森林用户累计碳减排超过 792 万吨。

支付宝和中国绿化基金会、中国扶贫基金会、中华环境保护基金会、中国绿色碳汇基金会、阿拉善 SEE 基金会等 8 家公益合作伙伴一起，在内蒙古、甘肃、青海、山西、四川、云南种植和养护真树 1.22 亿棵，种植总面积超过 168 万亩。和桃花源生态保护基金会、猫盟 CFCA、山水自然保护中心、国际野生生物保护学会等 7 家公益合作伙伴一起，在四川、安徽、山西、云南、吉林，守护保护地总面积超过 18 万亩。蚂蚁森林累计创造超过 40 万人次的绿色就业岗位，实现劳务增收超过 6059 万元。

2019 年 3 月 28 日，甘肃民勤红崖山，蚂蚁森林春种现场，无人机航拍画面。一边是腾格里沙漠，一边是当地群众正在种植蚂蚁森林，绿进沙退。

联合国开发计划署（UNDP）高度称赞蚂蚁森林为“为世界输出中国样板”，UNDP 也与蚂蚁金服在达沃斯世界经济论坛上正式启动绿色数字金融联盟，蚂蚁金服在联合国提出倡议，建立数字金融创新工作小组以推动“联合国可持续发展目标”。

（二）数字化低碳社区让人人参与减碳

未来低碳社区的核心在于“低碳行动，人人参与”。社区减碳可以提升居民的公益参与度，居民参与降碳会增加区域减碳的客观价值。

并且，未来通过碳普惠方法学构建可信碳账户，可以形成居民碳资产，通过交易变现带来增值收益。

为让数字化深度服务于低碳社区，将从四个方面开展低碳社区的筹建工作。一是知“碳”，社区碳排放一目了然。通过建设近零碳社区，在社区、楼宇、家庭三个维度定义可量化的低碳行为，实现低碳行为的社区深度渗透，一屏知晓社区整体碳排放现状，以及未来碳达峰推演。具体建设内容包括：社区电、气、水等多种能源的能耗监控，综合碳排放总览，能耗云，碳账户等。

二是示“碳”，社区综合用能展示。在未来社区低碳场景下构建综合用能功能，在社区居民在体验生活和健身同时，接受低碳知识，提升低碳意识。社区和居民能互享绿能自发电收益，实现低碳宣传。具体建设内容包括：个人碳足迹及排名，社区绿色低碳指数，社区低碳运营监控平台。

三是感“碳”，搭建社区低碳“展厅”。在节约高效，降本增效的情况下，提供居民低碳体验场所，提升低碳意识。绿色用能实现自发自用，减少用能开支。具体建设内容包括：社区碳排及能耗监控大屏，虚拟社区，碳账户积分运营，低碳活动，积分兑换商城。

四是融“碳”，服务社区低碳场景落地。结合高新科学技术、金融、美丽乡村建设等方面的布局与规划，打造创新型低碳绿色社区试点。通过数字化运营手段，实现与企业、园区、乡村等低碳建设的联动，充分发挥市场交易作用，探索个人与企业碳账户互动。以科技、金融、绿色产业为抓手，推动区域内生产和消费端的同步碳中和。具体建设内容包括：现实社区与虚拟社群结合，将低碳小区等场景落地。

2021 年 12 月 17 日，由深圳市人民政府主办，深圳市发展和改革委员会、深圳市生态环境局和龙岗区人民政府共同承办的“2021

碳达峰碳中和论坛暨第九届深圳国际低碳城论坛”圆满落幕。新桥世居近零碳与可持续发展示范社区项目在论坛期间正式发布投运，项目由深圳市龙岗区政府发起，华侨城集团、深圳嘉力达节能科技有限公司、龙岗区科创可持续发展研究院承建，阿里云提供“能耗宝社区”SaaS技术支持，共同构建可持续发展的低碳生态，打造了深圳首个近零碳排放社区。通过个人、家庭、社区三层维度形成从线上到线下的碳流追踪与碳足迹闭环，不但使社区居民直观感受到“近零碳社区”的魅力，培养了良好的绿色生活习惯，而且打通低碳生活的“文化圈”“公益圈”“社交圈”，让碳普惠通过数字化手段更快融入居民生活中，实现以人为本的近零碳落地。

（阿里云计算有限公司王奕快、周凡珂为本章节提供案例支持）

（三）绿色浙江 21 年低碳实践

绿色浙江以 21 年开展绿色科技文化服务的故事，成为社会组织参与低碳实践的先行军。

1. 做低碳文化传播者

2007 年，一部揭示气候变化的纪录片《不愿面对的真相》让绿色浙江意识到减缓和适应气候变化迫在眉睫，也认识到科学传播对打赢这场全人类低碳转型战至关重要的意义。此后绿色浙江把浙江媒体对气候变化和低碳转型的报道汇编成《天堂与暖季的抗争》，教育中小学生绝不做“温水中的青蛙”。开展低碳宣讲 500 余场，受众 8 万多人。在学校，讲述“两山”理念和低碳知识；在机关，讲述多元主体参与低碳建设；在美国，讲述中国清洁能源并对美国脏煤出口说“不”；在联合国气候峰会，讲述杭州农民对话联合国气候变化最高官员恳请各国签署减排协议。

2. 做低碳科技践行者

绿色浙江深入了解各地低碳科技实践，从2012年起，在联合国开发计划署、万通公益基金会等支持下，绿色浙江开展一系列生活中的低碳科技实践。在上城西牌楼社区，尝试在城市社区开展立体绿化、雨水收集；在拱墅现代城社区，组织阿姨们学习厨余堆肥、开辟空中菜园，建起垃圾回收智慧绿房；在余杭黄湖，搭建太阳能微动力灌溉系统，用5000只塑料瓶搭建漂流瓶，用废旧汽车轮胎搭建彩色迷宫；在嵊泗花鸟，设计可持续食材、雨水净化泳池。十年来，绿色浙江实践总结了能源、水资源、绿化和种植、废弃物的四大类总共30多项生活中的低碳技术菜单。

3. 做低碳社区倡导者

未来低碳是浙江未来社区建设九大场景的重要应用场景，绿色浙江所在的仓前街道葛巷社区是省级未来社区试点，绿色浙江对接中国生物多样性保护与绿色发展基金会，对仓前街道中层以上干部和村社负责人进行低碳和生态文明理念培训，组建街道生态文明宣讲团，推动浙江省25家科技社团建立的省科协资源环境学会联合体秘书处落户仓前，推动参加“双碳目标下城市应对气候变化机遇与挑战”论坛的专家来仓前指导，并为街道社区开展低碳和生物多样性工作本底调查。在余杭百丈镇，绿色浙江助力开展低碳环保引领的“公益公社”打造，并通“人人3小时”公益平台形成志愿服务框架，吸引市民来共同百丈参与低碳社区建设。

（浙江大学管理学院谢慧芹、忻皓为本章节提供案例支持）

（四）低碳即时尚打造绿色低碳校园

低碳校园建设，以实现可持续生态校园为目标，通过设计驱动与科技驱动的融合为碳达峰碳中和战略的实施进程带来全新方向，提出“学院即社区，低碳即时尚”的设计主张，重新审视并梳理校园生活“衣、食、住、行”，以及专业学习“学、创、展、演”，从师生的思想认知到行为方式，打造低碳教育、低碳生活、低碳权益、低碳服务、低碳设施、低碳生产等六大校园场景，以此建构绿色健康生活与学习场景系统。将低碳理念融入校园规划、建设和校园生活之中，通过设计创新思维整合技术、工具、社群等资源，营造低碳生活方式，协同低碳数字平台，发展低碳生态经济，逐步实现校园低碳发展。在生态文明理念教育过程中，也为学生探索与专业学习融合的低碳校园实践提供了新思路。

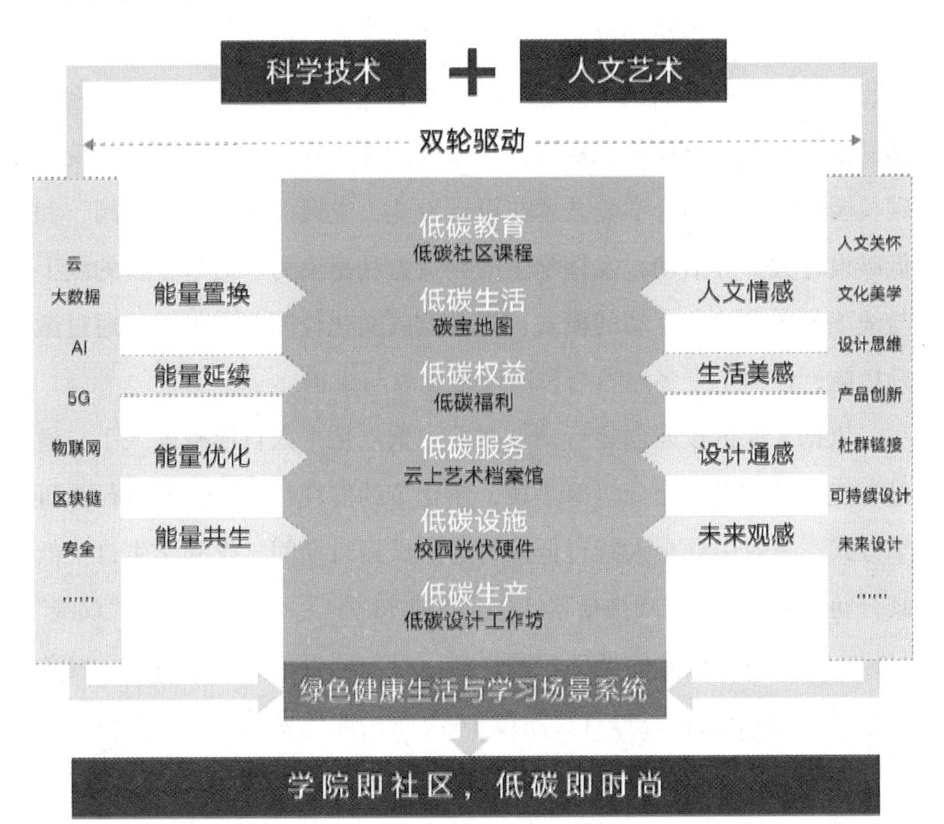

（五）中国美术学院艺术科技融合的低碳校园总体设计框架

以数字化手段鼓励和量化个人的自愿减排行为。从定义低碳指标，到宿舍用电能耗监测分析，来进一步提升校园综合能源治理水平。深入发掘校园节能降耗潜力，降低整体用能成本，提升校园绿色能源结构占比，推动校园碳达峰碳中和发展目标，将学校建设成绿色、低碳、宜居宜学的家园。一方面是加强配套的绿色低碳能源硬件设施建设，另一方面是打造智慧校园综合能源管控与服务平台，实现校园多能源微网治理，支撑多能流协同调度和校园深度能效优化。并与校园碳账户体系进行对接融合，通过综合能源服务进一步支撑校园碳资产的动态管理和精细化管理服务。

营造校园低碳生活场景，以低碳活动运营、低碳社群运作、低碳自媒体沉淀、低碳商家、低碳公益为着力点，打造线上、线下紧密联动的低碳生态运营体系，从而推动低碳文化传播。在中国美术学院低碳校园建设中，结合学校艺术与设计专业，上线“虚拟绿色校园”和低碳设计大赛等活动，发挥学生的创造力和感染力。通过全新的线上与线下低碳体验、互动的模式，提升低碳文化校园艺术氛围，通过激励措施，让师生更多地参与校园绿地建设与维护。

依据《绿色校园创建行动方案》，重点从个人自愿减碳入手，通过智能电表和大数据分析等手段，量化节约能耗行为，并通过行为科学方式，有效引导个人践行低碳行为。试运行期间，发起学生自主低碳行动 329 人次，碳减排量累计达到 537.78 公斤。为助力实现“双碳”目标，提供科艺融合的低碳校园样板。目前项目的智能能耗分析覆盖学校 2000 多个宿舍，每日对超过 16 万条用能数据进行对比分析，光盘打卡和低碳出行等低碳行为也逐渐在学生群体中推广开来，同时还吸引了低碳创业的学生团队在低碳商城中推广产品。从经济投入上讲，充分利用了云计算的弹性优势，大大减少了硬件的投入，对已有能耗数据资产进行二次加工和智能运算，以非常小的经济成本构建覆盖整个校园的低碳普惠平台。从管理规范上看，充分与学校的相关学院、团委等部门合作，发挥学生的创新创造能力，不断提升低碳活动的吸引力和参与度。该项目在技术和模式上体现了科学与艺术融合的先进性，并将低碳新风尚的理念进行推广，可复制性强，社会大众易接受程度高。

在住校学生中，宿舍用电差异大，经过实地调研，大部分宿舍存在浪费用电现象，学生的能耗意识有待加强。低碳校园平台上线后，住校生绑定宿舍号可以每周获得节电碳积分，50% 的宿舍都可以获得对应奖励，每周每个宿舍平均能够获得的碳积分量，相当于 12 次光盘打卡或 5 次地铁出行活动的积分奖励，这也体现出“节电”在减碳方面至关重要的作用。平台以宿舍用电排行的方式，让学生直观感受到节电效果，通过对照组比较试验，接入低碳校园平台的宿舍用电量平均会有 5%–10% 的下降。

中国美术学院低碳校园的移动端小程序界面

平台传递低碳绿色讯息，以低门槛、普惠化的方式，融入校园生活，让大学生逐渐转变观念，影响用户心智。上线以来，平台活跃用户量从10%上升至20%，反映出越来越多大学生沉浸在低碳平台氛围中。低碳好行为能够变成“爱心”传播给社会，让大学生践行低碳、践行公益变得更加大众化。在中国美院象山校区率先孵化落地后，学生个人碳账户模式创造了杭州示范，正在迅速通过天猫校园门店推广至全国上百家高校校园。同时，该项目还成功入围了2022世界信息社会峰会奖项（WSIS）的评选。

（中国美术学院王昀、陈赟佳、杜靓为本章节提供案例支持）

（六）初中化学“低碳行动”项目学习课程开发与实施

《国家十四五规划纲要》强调，要在2030年实现“碳达峰”，在2060年实现碳中和。我国的经济结构和能源结构共同决定了我国实现“双碳”目标面临的挑战。中学生是实现“双碳”目标的后备力量。在分析真实问题、探索低碳行动方案时，学生能够深刻体会到我国实现“双碳”目标的重要意义及面临的挑战，促进学生综合应用核心知识、发展学科观念及科学态度与社会责任，促进转变生活方式，积极践行低碳行动。据此，北京师范大学化学教育团队组织开发了项目式学习教材，并在中学开展了多轮次的实践探索，积累了丰富的项目式教学实践经验，形成多个优秀教学案例。

1. 创编初中项目式学习教材，设计“低碳行动”项目

义务教育课程标准项目学习实验教科书《化学》由山西省教育厅策划和领导，山西教育出版社组织和出版，北京师范大学化学教育团队编写，王磊教授担任主编。教材共设计了8个主题学习项目，另外

有“开启我的项目之旅”一个导引性项目和“梳理我的项目成果”复习总结性项目。

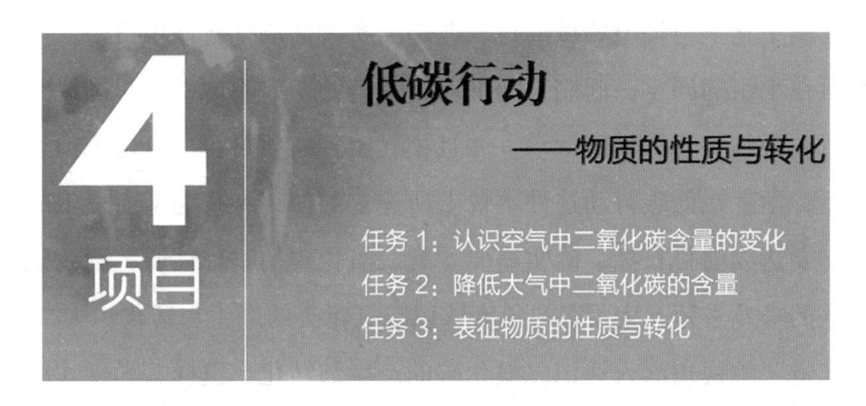

在本项目中，你将和所在小组的同学一起制订“小组低碳行动公约”，进而讨论整理出“班级低碳行动公约”。

- 探究空气的组成，认识定量测定气体含量的一般方法。
- 了解空气中的二氧化碳含量增加的途径及原因。
- 学会制取二氧化碳的一般思路和方法。
- 了解转化二氧化碳的化学方法，理解实施低碳行动的重要意义。
- 学会利用化学方程式表征物质的性质和转化。

项目式教材——项目 4 低碳行动

其中项目 4“低碳行动——物质的性质及转化” 是针对二氧化碳过量排放导致气候变暖等环境问题所引发的社会性科学议题而设计的，属于化学与环境领域的行动改进类实践活动。在该项目中，学生和所在小组的同学一起制订“低碳行动公约”，不同的小组围绕“低碳行动公约”开展低碳行动，并且相互监督。项目目标是这个项目完成后，学生在低碳行动这件事情上所建立的公约和行为上所发生的改变。要达成项目目标，确实需要了解二氧化碳的物理性质，围绕二氧化碳的来龙去脉，从元素的角度认识二氧化碳的产生与转化，从“质”和“量”的视角深入认识二氧化碳的产生与转化。这样，学生才能更深入地认识温室效应等社会问题的产生，提出、理解和接受各种低碳行动的具体方案。

教材中设计了三个具体的项目任务来进行项目学习：任务 1：空气中二氧化碳的含量是一成不变的吗？任务 2：低碳行动怎样降低大气中二氧化碳的含量？任务 3：如何表征物质的性质与转化？这三个任务紧紧围绕低碳行动展开，每部分又分别承载相应的知识、技能、情感方面的培养目标。

2. 指导“低碳行动”教学实践，引领项目学习发展方向

自 2017 年以来，在北京师范大学化学教育团队的指导下，在呼家楼中学、怀柔一中、北师大三附中等多所学校依据项目教材展开了低碳行动项目的实践探索，取得了良好的效果，积累了丰富的实践经验，引领我国基础教育项目学习的发展方向。

2021 年 8 月至 12 月，依托于“指向核心素养的项目学习区域整体改革” 项目，在北京市海淀区、山西省晋中市两个区域开展了低碳行动项目式学习的区域整体实践。依托于前期低碳行动项目的实践经验，针对项目内容进行了修改、补充、完善。设计了“基于碳中和

思想设计低碳行动方案”这一项目式学习案例，将项目扩展为导引课、探究课、展示课三种课型，按照低碳、碳中和是什么？为什么要低碳？如何实现低碳？这一问题解决逻辑展开学习。以低碳行动方案的设计、改进这一项目作品贯穿项目学习始终。

低碳行动方案的实践探索

北京市海淀区人大附中、师达中学、八一学校等6所学校完整开展了6课时的低碳行动项目式教学。一线教师与专家针对项目在备课、试讲、正式讲中遇到的关键问题进行了多次线上研讨，总结实践经验和教学策略。在教研网平台共进行了三场全国直播活动，共有978人观看了直播活动，活动点击量达到了6973人次。在试讲阶段，专家多次入校听课指导，针对教学中教师遇到的困难及挑战予以针对性指导。形成了多个优秀教学案例，其中北京理工大学附属中学的探究低碳行动方案的可行性分析课例在第十五届全国基础教育化学新课程实施成果交流大会上进行全国直播。实践经验转化为论文成果，已有一篇项目案例文章被《化学教育》期刊接收，等待发表。此外，在项目

实施过程中，还收集了学生过程性学习资料及经过多轮次修改的低碳行动方案等项目成果。

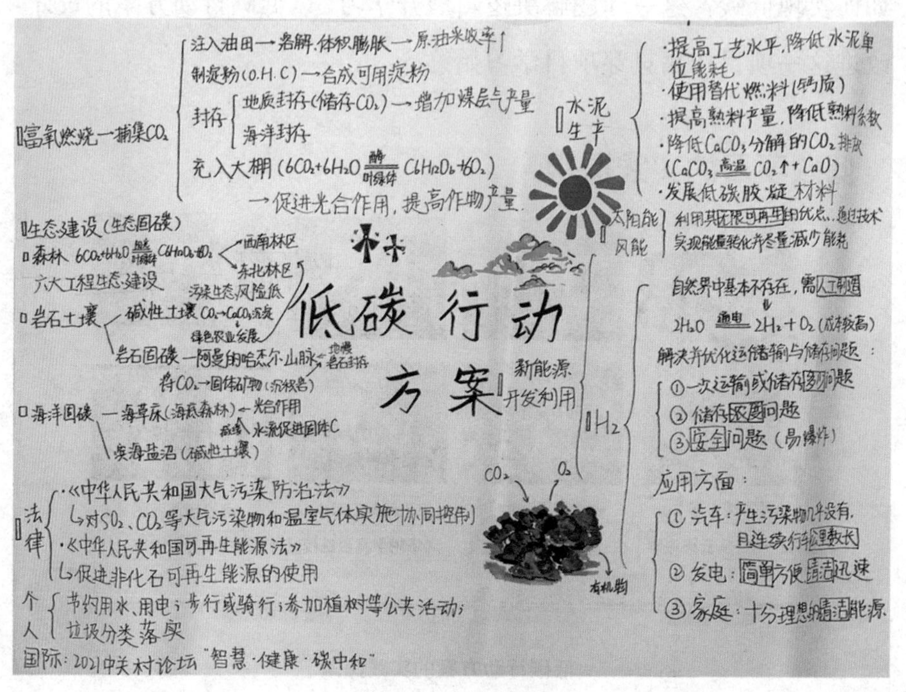

优秀学生项目作品

山西省晋中市在11个县区开展了低碳行动项目的整体教学实践。共55名种子教师直接参与设计、实施与展示研讨。在教研网平台针对备课、试讲、正式讲阶段教师的教学问题及实践经验进行了5场全国直播活动，共有837人观看了直播活动，活动点击量达到了8102人次。各县区中涌现了多个优秀教学案例，其中祁县第四中学的低碳行动可行性方案课例在第十五届全国基础教育化学新课程实施成果交流大会上进行了说播课展示。

综上，初中“低碳行动”项目学习及化学、生物、地理、物理、政治等多个学科的内容，使学生置身于真实问题中，引导学生在面对个人生活需要、国家发展、人类发展与低碳要求的两难问题时，促进学生发展学科观念，进一步形成可持续发展理念，发展科学、技术、工程融合解决实际问题的能力，形成国际化视野和构建人类命运共同体的意识，发展社会责任、国家认同、国际理解等素养，促进知、情、意、行的统一。

（北京交通大学陈征，北京师范大学胡久华、褚童，为本章节提供案例支持）

（七）启发和展望

公众行为改变是温室气体减排不可或缺的一部分，社会全面动员、企业积极行动、全民广泛参与是实现生活方式和消费模式绿色转变的重要推动力。低碳生活，是指生活作息时所耗用的能量尽量减少，从而降低碳排放特别是二氧化碳排放量；尽量减少使用消耗能源多的产品，从而减少对大气的污染，减缓生态恶化。在家庭推广使用节能灯和节能电器，尽可能利用自然通风采光，倡导适宜装饰，在不影响生活质量的同时有效降低日常生活中的碳排放量。在交通运输方面，鼓励居民短距离步行，长距离多采用公共交通工具，建设现代物流信息系统，减少运输工具空驶率。在家居方面积极参与社区垃圾分类工作，在日常生活中做好垃圾分类，养成绿色家居习惯。

1. 要打造数字化低碳平台，营造低碳生活场景。数字化低碳社区与低碳校园建设以社区或校园为单位打造低碳生活场景，使居民直观感受到“低碳社区”“低碳校园”的魅力，低碳理念逐步融入社区与校园生活，低碳绿色讯息通过平台以低门槛、普惠化的方式传递给居民和在校学生，让人们逐渐转变观念，培养良好的低碳生活习惯。

2. 要建立数字化碳普惠机制，推动生活方式绿色革命。碳普惠是对居民或企业的低碳行为（行动）给予与其减排量挂钩的奖励，该机制通过收集各类居民低碳行为数据，根据科学的核算方法进行排放量和减排量计算，并登记到个人碳账户中。减排量按照转化系数折算为碳权益积分，可在相关权益平台上换取商品、优惠券等权益。全民碳普惠机制有助于形成低碳生活的“文化圈”“公益圈”“社交圈”，让碳普惠通过数字化手段更快融入居民生活中，进而通过消费端带动生产端低碳，实现“双碳”目标。

3. 发展碳达峰碳中和教育，培养学生的绿色心智和科学素养。通过低碳项目制课程与教学案例的开发、应用推广，让学生能够理解并掌握解决碳达峰碳中和问题所涉及的各类知识并激发学习热情。青少年群体将是实现“双碳”目标的主力军，面向他们开展的“双碳”教育将逐渐走向深入，并极大地激发他们的创新力和行动力，助力实现碳达峰与碳中和。

“1+N”政策体系多次强调要增强全民节约意识、环保意识、生态意识，把绿色理念转化为全体人民的自觉行动。支付宝“蚂蚁森林”公益平台、数字化低碳社区和低碳校园建设为培育绿色生活方式提供良好示范，为碳减排带来积极影响。

参考文献

1. 曹立．中央党校（国家行政学院）经济学部．中国经济热点解读 [M]. 北京：人民出版社．2021.5.

2. 财经网．“青碳行”App——全国首个以数字人民币结算的碳普惠平台 [DB]. 2021-07-23.

3. 陈海波．与领导干部谈 AI: 人工智能推动第四次工业革命 [M]. 北京：中共中央党校出版社．2020.1.

4. 陈兴明．分散式 CO_2-EOR 项目数字化管理转型探索与实践 [J]. 油气藏评价与开发 ,2021,11（04）:635-642+658.

5. 慈松．数字储能系统 [J]. 全球能源互联网 ,2018,1（03）:338-347.

6. 邓春雨 , 张紫禾 , 张宁．碳排放报告与核查实务及疑难问题初探 [J]. 资源节约与环保 ,2018（04）:115-116.

7. 郭力军 , 孟凯．碳交易“三可”机制设计及应用 [J]. 开放导报 ,2013（03）:108-112.

8. 工信部．绿色制造工程实施指南（2016-2020 年）[S]. 2016-09-14.

9. 发展规划司．工业绿色发展规划（2016-2020 年）[S]. 2017-06-21.

10. 工信厅．工业和信息化部办公厅关于开展绿色制造体系建设的通知 [S]. 2016.
11. 工信部节能与综合利用司．深入推进工业节能与绿色发展 [J]. 造纸信息，2021（02）:31–33.
12. 光大证券有限公司．日本降碳之路：资源约束型国家等选择 [Z]. 2021–05
13. 国务院．2030 年前碳达峰行动方案 [Z]. 2021–10–24
14. 国务院．新一代人工智能发展规划的通知 [Z]. 2017–07–08.
15. 国务院，中共中央．国务院关于完整准确全面贯彻新发展理念做好碳达峰碳中和工作的意见 [Z]. 2021–09–22.
16. 国务院．中国制造 2025 [S].2015–05–19.
17. 国务院．乡村振兴战略规划（2018 — 2022 年）[Z]. 2018–09–26.
18. 国务院．国务院关于印发“十三五”生态环境保护规划的通知 [S]. 2016–11–24.
19. 国务院发展研究中心产业经济研究部．中国汽车产业发展报告（2020）：面向 2060 年碳中和目标的中国汽车产业低碳发展道路 [M]. 北京：社会科学文献出版社．2021–12.
20. 国务院．国务院关于发布实施《促进产业结构调整暂行规定》的决定 [Z]. 2005–12–02.
21. 国务院．八部门关于印发“十四五”智能制造发展规划的通知 [Z]. 2021–12–21.
22. 国务院．国务院关于进一步加强淘汰落后产能工作的通知 [Z]. 2021–08–25.
23. 教育部，国家发展改革委．绿色学校创建行动方案 [Z]. 2020–04–03.
24. 教育部．教育部关于印发高等学校碳中和科技创新行动计划的通

知 [Z]. 2021-05-15.

25. 国家发展改革委 . 关于加快推动制造服务业高质量发展的意见 [Z]. 2021-03.

26. 国家发展改革委 . 全国碳排放权交易市场建设方案(发电行业)[Z]. 2017-12-18.

27. 国家发展改革委 . 温室气体自愿减排交易管理暂行办法 [S]. 2012-06-13.

28. 国家发展改革委 . 温室气体自愿减排项目审定与核证指南 [S]. 2012-10-09.

29. 国家发展改革委 . 天然气发展“十三五”规划 [Z]. 2016-12-24.

30. 国家发展改革委，国家海洋局 . 全国海洋经济发展“十三五”规划 [Z]. 2017-05-04.

31. 国家发展改革委，国家能源局 . 能源生产和消费革命战略（2016-2030 年）[Z]. 2016-12-29.

32. 国家发展改革委，中央网信办 . 关于推进“上云用数赋智”行动培育新经济发展实施方案 [Z]. 2020-04-07.

33. 国家发改委，国家能源局 . 能源技术革命创新行动计划（2016-2030 年）[Z]. 2016-06-01.

34. 国家能源局 . 关于报送整县（市、区）屋顶分布式光伏开发试点方案的通知 [Z]. 2021-06-20.

35. 国家能源局 . 2021 年能源工作指导意见 [Z]. 2021-04-19.

36. 工业和信息化部办公厅 . 中小企业数字化赋能专项行动方案 [Z]. 2020-03-18.

37. 衡水市政府办公室 . 关于进一步加强淘汰落后产能工作的实施意见 [Z]. 2011-11-10.

38. 环境保护部办公厅 . 关于加强碳捕集、利用和封存试验示范项目环境保护工作的通知 [Z]. 2013-10-28.
39. 湖北碳交易体系设计专家孙永平 . 碳达峰、碳中和是硬仗 .MRV 制度实施将面临三大挑战 [Z]. http://www.nbd.com.cn/articles/2021-03-30/1679870.html.
40. IDC. 全球云计算二氧化碳减排预测（2021-2024 年）[R]. 2021-03-10.
41. 孔蓉，李泽宇 . 碳中和：全球科技巨头在行动 [R]. 2021.03.
42. 联合国 . 蓝碳：健康海洋固碳作用的评估报告 [R]. 2009.
43. 标准技术司 . 绿色供应链管理系列国家标准解读 [S]. http://www.samr.gov.cn/bzjss/bzjd/202104/t20210406_327602.html.
44. RGGI. 区域碳污染减排计划 [Z]. 2009-01-01.
45. 中国环境报 . 启动全国碳排放权交易市场上线交易情况国务院政策例行吹风会 [N]. 2021-07-15（002）.
46. 全球能源互联网发展合作组织 . 中国碳中和之路 [M]. 北京：中国电力出版社 .2021.07.
47. 山东省人民政府 . 山东省能源发展“十四五”规划 [Z]. 2021-08-19.
48. 生态环境部环境与经济政策研究中心课题组 . 互联网平台背景下公众低碳生活方式研究报告 [R]. 2019.08.
49. 生态环境部 . 碳排放权交易管理办法（试行）[Z]. 2020-12-31.
50. 生态环境部等 . 公民生态环境行为规范（试行）[Z]. 中国环保产业 . 2018（08）:1.
51. 生态环境部 . 全国碳排放权交易管理暂行条例 [Z]. 2021-03-10.
52. 绿色低碳工业网 . 数字化技术赋能是绿色智能制造关键着力点 [N]. http://www.tangongye.com/zhizao/detail/article_id/1805.html.

53. 习近平．坚定信心 共克时艰 共建更加美好的世界 [R]. 2020.

54. 项目综合报告编写组．中国长期低碳发展战略与转型路径研究综合报告 [J]. 中国人口·资源与环境 ,2020,30（11）:1–25.

55. 新华社．中共中央国务院关于构建更加完善的要素市场化配置体制机制的意见 [J]. 中华人民共和国国务院公报 , 2020（11）:4.

56. 查建国 , 陈炼．推动数字化与绿色发展深度融合 [N]. 中国社会科学报 ,2021–04–12（002）.

57. 曾雪兰 , 黎炜驰 , 张武英．中国试点碳市场 MRV 体系建设实践及启示 [J]. 环境经济研究 ,2016,1（01）:132–140

58. "中国工程院绿色制造发展战略研究"课题组．推进绿色制造 建设生态文明——中国绿色制造战略研究 [J]. 中国工程科学 ,2017,19（03）:53–60.

59. 张建锋．数字政府 2.0: 数据智能助力治理现代化 [M]. 北京 : 中信出版社 . 2019–10

60. 周孝信 , 曾嵘 , 高峰 , 屈鲁．能源互联网的发展现状与展望 [J]. 中国科学 : 信息科学 ,2017,47（02）:149–170.

61. 中国化工学会储能工程专业委员会．储能技术及应用 [M]. 化学工业出版社 . 2018.

62. 中关村储能产业技术联盟．储能产业研究白皮书 2020[M]. 2020

63. 中共中央．中华人民共和国国民经济和社会发展第十四个五年规划和 2035 年远景目标纲要 [Z]. 2021–03–12.

64. 国务院．"十四五"数字经济发展规划 [Z]. 2021–12–12.

65. 中国共产党第十九届中央委员会．中共中央关于制定国民经济和社会发展第十四个五年规划和二〇三五年远景目标的建议 [Z]. 2020–10–29.

66. 中国环境报 . 苏州市高新区设立绿普惠碳中和促进中心 . 人手一个“碳账本”绿色行为可量化 [DB]. 2021-07-29.

67. 约翰·伊特韦尔 , 皮特·纽曼 , 默里·米尔盖特 , 等 . 新帕尔格雷夫经济学大辞典 [M]. 经济科学出版社 , 1996:861.

68. 许涤新主编 . 政治经济学辞典 [M]. 北京 : 人民出版社 ,1981:350+427.

69. 黄群慧 . 中国的工业化进程 : 阶段、特征与前景 [J]. 经济与管理 ,2013,27(07):5-11.

70. 王发明 , 蔡宁 . 工业发展与生态建设协调进行的对策研究 : 以浙江为例 [J]. 工业技术经济 ,2008,27(08):11-15.

71. 胡鞍钢 , 管清友 . 中国应对全球气候变化 [M]. 北京 : 清华大学出版社 ,2009:66.

72. 郭兆晖 . 中国生态文明体制改革 40 年 [M]. 石家庄 : 河北人民出版社 ,2019:234-247.

73. 刘希刚 , 孙芬 . 论习近平生态文明思想创新 [J]. 江苏社会科学 ,2019(03):11-19.

74. 黄承梁 . 在把握“三个坚持”中加快推动绿色发展 [J]. 红旗文稿 ,2020(23):42-44.

75. 张艳 . 新时代中国特色绿色发展的经济机理、效率评价与路径选择研究 [D]. 西北大学 ,2018.

76. 张强 , 韩永翔 , 宋连春 . 全球气候变化及其影响因素研究进展综述 [J]. 地球科学进展 ,2005(09):990-998.

77. 张康 , 张舒 . 全球气候变化 : 人类面临的挑战 [M]. 商务印书馆 , 2004:17.

78. IPCC. 2013:Climate Change 2013:The Physical Science Basis.

Contribution of Working Group I to the Fifth Assessment Report of the Intergovernmental Panel on Climate Change [Stocker, T.F., D. Qin, G.-K. Plattner, M. Tignor, S.K. Allen, J. Boschung, A. Nauels, Y. Xia, V. Bex and P.M. Midgley（eds.）]. Cambridge University Press, Cambridge, United Kingdom and New York, NY, USA, 1535 pp.

79. 葛全胜，王芳，王绍武，程邦波．对全球变暖认识的七个问题的确定与不确定性 [J]. 中国人口·资源与环境，2014,24（01）:1-6.

80. 王灿，张雅欣．碳中和愿景的实现路径与政策体系 [J]. 中国环境管理，2020,12（06）:58-64.

81. 刘满平．我国实现“碳中和”目标的意义、基础、挑战与政策着力点 [J]. 价格理论与实践，2021（02）:8-13.

82. 芮萌，尹文强．后疫情时代中国经济增长的新势能——双碳战略 [J]. 上海商学院学报，2021,22（04）:15-25.

83. 王文，刘锦涛．碳中和对中国未来的意义——全球碳中和背景下的中国发展（下）[J]. 金融市场研究，2021（06）:1-7.

84. 孟早明，葛兴安．中国碳排放权交易实务 [M]. 北京：化学工业出版社 .2016.12.

85. 世界气象组织 . Greenhouse Gas Concentrations Hit Yet Another Record[Z]. https://public.wmo.int/en/media/press-release/greenhouse-gas-concentrations-hit-yet-another-record. 2015-11-9.

86. 世界气象组织 . 2020 was one of three warmest years on record[Z]. https://public.wmo.int/en/media/press-release/2020-was-one-of-three-warmest-years-record.2021-1-15.

87. 李静云 ."碳关税"重压下的中国战略 [J]. 环境经济 2009 年第 9 期 .

88. 联合国 . 人类环境宣言 [Z]. 1972-06.

89. 联合国 . 人类环境行动计划 [Z]. 1972-06.

90. 世界气象组织第一届气候大会 . 世界气候大会宣言 [Z]. 1979-04-02.

91. 联合国 . 为人类当代和后代保护全球气候 [Z]. 1988-12.

92. 联合国 . 里约环境与发展宣言 [Z]. 1988-12.

93. 联合国 . 21 世纪行动议程 [Z]. 1988-12.

94. 联合国 . 联合国气候变化框架公约 [Z]. 1988-12.

95. 联合国 . 联合国气候变化框架公约的京都议定书 [Z]. 1997-12.

96. 欧盟委员会 . 欧盟关于建立碳边境调节机制的立法提案 [Z]. 2021-07-14.

97. 澳大利亚 . 国家气候变化适应框架 [Z]. 2007.

98. 日本 . 日本国土综合开发法 [Z]. 法律第 205 号 . 1950.

99. 日本 . 公害对策基本法 [Z]. 1967.

100. 日本 . 防灾基本规划 [Z]. 1967.

101. 日本 . 受灾者生活再建支援法 [Z]. 1998.

102. 日本 . 国土强韧化基本法 [Z]. 2013.

103. 日本 . 国土强韧化基本规划 [Z]. 2014.

104. 日本 . 气候变化影响评估报告（2015）[Z]. 2015.

105. 日本 . 气候变化适应法 [Z]. 2018.

106. 日本 . 气候变化适应计划 [Z]. 2018.

107. 日本 . 气候变化影响评估报告（2020）[R]. 2020.

108. 中国气象局气候变化中心 . 中国气候变化蓝皮书 2021 [Z]. 中国气象局气候变化中心科学出版社 . 2021.

109. Houghton R · A, House J.I, Pongratz J, van der Werf G R,

DeFries R.S, Hansen M.C, Le Qu é r é C, Ramankutty N. Carbon emissions from land use and land-cover change. Biogeosciences, 2012, 9（12）:5125-5142.

110. 联合国．巴黎协定 [Z]. 2015.

111. 北京市发改委．北京市国民经济和社会发展第十四个五年规划和二〇三五年远景目标纲要 [Z]. 2021-03-13.

112. 上海市人民政府办公厅．上海市 2021—2023 年生态环境保护和建设三年行动计划 [Z]. 2021.

113. 天津市人民政府．天津市国民经济和社会发展第十四个五年规划和二〇三五年远景目标纲要 [Z]. 2021-02-08.

114. 重庆市生态环境局．应对气候变化参阅材料 [Z]. 2021.3.29.

115. 云南省政府．云南省国民经济和社会发展第十四个五年规划和 2035 年远景目标纲要 [Z]. 2021-02-08.

116. 贵州省政府．贵州省国民经济和社会发展第十四个五年规划和 2035 年远景目标纲要 [Z]. 2021-02-27.

117. 广西壮族自治区人民政府．广西壮族自治区国民经济和社会发展第十四个五年规划和 2035 年远景目标纲要 [Z]. 2021-04-19.

118. 江西省人民政府．江西省国民经济和社会发展第十四个五年规划和 2035 年远景目标纲要 [Z]. 2021-02-05.

119. 江苏省人民政府．江苏省国民经济和社会发展第十四个五年规划和 2035 年远景目标纲要 [Z]. 2021-02-19.

120. 浙江省人民政府．浙江省国民经济和社会发展第十四个五年规划和 2035 年远景目标纲要 [Z]. 2021-02-05.

121. 安徽省人民政府．安徽省国民经济和社会发展第十四个五年规划和 2035 年远景目标纲要 [Z]. 2021-02-20.

122. 河北省人民政府. 河北省国民经济和社会发展第十四个五年规划和 2035 年远景目标纲要 [Z]. 2021-05-31.

123. 内蒙古自治区人民政府. 内蒙古自治区国民经济和社会发展第十四个五年规划和 2035 年远景目标纲要 [Z]. 2021-02-07.

124. 青海省人民政府. 青海省国民经济和社会发展第十四个五年规划和 2035 年远景目标纲要 [Z]. 2021-02-10.

125. 宁夏回族自治区人民政府. 宁夏回族自治区国民经济和社会发展第十四个五年规划和 2035 年远景目标纲要 [Z]. 2021-02-26.

126. 西藏自治区人民政府. 西藏自治区国民经济和社会发展第十四个五年规划和 2035 年远景目标纲要 [Z]. 2021-03-28.

127. 新疆维吾尔自治区人民政府. 新疆维吾尔自治区国民经济和社会发展第十四个五年规划和 2035 年远景目标纲要 [Z]. 2021-06-4.

128. 山西省人民政府. 山西省国民经济和社会发展第十四个五年规划和 2035 年远景目标纲要 [Z]. 2021-04-09.

129. 辽宁省人民政府. 辽宁省国民经济和社会发展第十四个五年规划和 2035 年远景目标纲要 [Z]. 2021-03-30.

130. 吉林省人民政府. 吉林省国民经济和社会发展第十四个五年规划和 2035 年远景目标纲要 [Z]. 2021-03-17.

131. 黑龙江省人民政府. 黑龙江省国民经济和社会发展第十四个五年规划和 2035 年远景目标纲要 [Z]. 2021-03-02.

132. 福建省人民政府. 福建省国民经济和社会发展第十四个五年规划和 2035 年远景目标纲要 [Z]. 2021-03-02.

133. 山东省人民政府. 山东省国民经济和社会发展第十四个五年规划和 2035 年远景目标纲要 [Z]. 2021-04-06.

134. 河南省人民政府. 河南省国民经济和社会发展第十四个五年规划

和 2035 年远景目标纲要 [Z]. 2021-04-02.

135. 湖北省人民政府 . 湖北省国民经济和社会发展第十四个五年规划和 2035 年远景目标纲要 [Z]. 2021-04-13.

136. 湖南省人民政府 . 湖南省国民经济和社会发展第十四个五年规划和 2035 年远景目标纲要 [Z]. 2021-03-25.

137. 广东省人民政府 . 广东省国民经济和社会发展第十四个五年规划和 2035 年远景目标纲要 [Z]. 2021-04-06.

138. 海南省人民政府 海南省国民经济和社会发展第十四个五年规划和 2035 年远景目标纲要 [Z]. 2021-03-31.

139. 四川省人民政府 . 四川省国民经济和社会发展第十四个五年规划和 2035 年远景目标纲要 [Z]. 2021-03-16.

140. 陕西省人民政府 . 陕西省国民经济和社会发展第十四个五年规划和 2035 年远景目标纲要 [Z]. 2021-02-10.

141. 甘肃省人民政府 . 甘肃省国民经济和社会发展第十四个五年规划和 2035 年远景目标纲要 [Z]. 2021-02-22.

142. 上海市发改委 . 关于印发上海市 2021 年节能减排和应对气候变化重点工作安排的通知 [Z]. 2021-07-01.

143. 广东省发改委 . 广东省 2021 年能耗双控工作方案 [Z]. 2021-07-14.

144. 中共中央 . 国务院 关于完整准确全面贯彻新发展理念做好碳达峰碳中和工作的意见 [Z]. 2021-10-24.

145. 张晓慧 . 碳市场还不够？专家又提出绿色金融和碳税概念 [Z]. http://fgw.shandong.gov.cn/art/2021/9/26/art_91533_10325599.html. 2021-09-26.

146. Refinitiv. Sustainable infrastructure: The green rush[Z]. https://www.refinitiv.com/en/infrastructure-investing/insights/

sustainable-infrastructure.

147. 国家能源局．中国天然气发展报告（2021）[R]. http://www.nea.gov.cn/2021-08/21/c_1310139334.htm. 石油工业出版社 [Z]. 2021-08-24.

148. 国家发改委．关于加快推进天然气储备能力的建设意见 [Z]. 2020-04.

149. 清华大学气候变化与可持续发展研究院．中国长期低碳发展战略与转型路径研究 [J]. 2020-10-25.

150. 清华大学 重庆碳中和目标和绿色金融路线图 [Z]. http://www.ckcest.cn/default/es3/detail?md5=199EB1999EEB4190B160752C371BC2D7&tablename=dw_reports_2020_0610&year=2021&dbid=1010. 2021-12-08.

151. 中国能源网．浅析光伏发电的碳排放问题 [Z]. https://www.china5e.com/news/news-931199-1.html. 2016-01-27.

152. 资本市场公益联盟．库布其碳中和与乡村振兴行动宣言 [Z]. 2021-04-22.

153. 山东财经大学海洋经济与管理研究院．海洋经济蓝皮书：中国海洋经济发展报告（2019 ~ 2020）[Z]. 社会科学文献出版社.2020-12-05.

154. 国际海事组织．2014 年国际海事组织第三次温室气体研究 [Z]. https://www.imo.org/en/OurWork/Environment/Pages/Greenhouse-Gas-Studies-2014.aspx. 2014.

155. 欧盟委员会．关于欧盟发展可持续蓝色经济新办法的政策文件 [Z].https://ec.europa.eu/commission/presscorner/detail/en/ip_21_2341.2021-5-17

156. 国务院．关于构建更加完善的要素市场化配置体制机制的意见.2020–03–30.

157. 国资委．关于加快推进国有企业数字化转型工作的通知 [Z]. 2020–09–21.

158. 中国共产党第十九届中央委员会．第十四个五年规划和二〇三五年远景目标的建议 [Z]. 2020–10–29.

159. 国务院．打赢蓝天保卫战三年行动计划 [Z]. 2018–06–27.

160. 国务院．“十三五”控制温室气体排放工作方案 [Z]. 2016–10–27.

161. G. Edgar, Hertwich, G.P. Peters. Carbon footprint of nations: a global, trade–linked analysis, Environ[R]. Sci. Technol. 43（16）（2009）6414 - 6420.

162. 工业和信息化部．关于利用综合标准依法依规推动落后产能退出的指导意见 [Z]. 2017–02–28.

163. 国家发改委．关于进一步贯彻落实加快产业结构调整政策措施遏制铝冶炼投资反弹的紧急通知 [Z]. 2007–04–23.

164. 四平市发改委．战略新兴产业形势判断及“十四五”发展建议（上篇）. http://fgw.siping.gov.cn/zdzt/cyfz/202101/t20210127_555262.html.2021–1–27.

165. 国务院．“十三五”国家战略性新兴产业发展规划 [Z]. 2016–11–29.

166. 工业和信息化部．云计算综合标准化体系建设指南 [S]. 2015–10–16.

167. 国务院．国务院关于进一步扩大和升级信息消费持续释放内需潜力的指导意见 [Z]. 2017–08–25.

168. 科技部．2019 年全国技术市场统计分析 [R]. http://www.most.

gov.cn/xxgk/xinxifenlei/fdzdgknr/kjtjbg/kjtj2021/202106/P020210630533257882963.pdf. 2021-06-30.

169. 科技部，发展改革委，外交部，商务部．推进“一带一路”建设科技创新合作专项规划 [Z].2016-09-08.

170. 国务院．关于推广支持创新相关改革举措的通知 [Z]. 2017-09-14.

171. 哥本哈根联合国气候变化大会．哥本哈根议定书 [Z]. https://unfccc.int/resource/docs/2009/cop15/eng/l07.pdf. 2009-12-18.

172. 联合国环境规划署 2020 年排放差距报告 [Z]. https://wedocs.unep.org/bitstream/handle/20.500.11822/34438/EGR20ESC.pdf?sequence=39. 2020-12-09.

173. 阿里云．“阿里云数据中心绿色节能创新方案”荣获 2021“保尔森奖”绿色创新优胜奖．https://developer.aliyun.com/article/810006. 2021-11-24.

174. 阿里云．阿里云绿色数据中心入选 2021 绿色低碳企业典型案例．https://mp.weixin.qq.com/s/mpo3NllpphVxN13OWgjfwg. 2021-09-23.

175. 全球能源互联网合作组织．中国 2060 年前碳中和研究报告．https://yhp-website.oss-cn-beijing.aliyuncs.com/upload/%E3%80%8A%E4%B8%AD%E5%9B%BD2060%E5%B9%B4%E5%89%8D%E7%A2%B3%E4%B8%AD%E5%92%8C%E7%A0%94%E7%A9%B6%E6%8A%A5%E5%91%8A%E3%80%8B_1616485638523.pdf. 2021-03.

176. 国家发改委，国家能源局．能源技术革命创新行动计划（2016-2030 年）[Z]. http://www.gov.cn/xinwen/2016-06/01/5078628/

files/d30fbe1ca23e45f3a8de7e6c563c9ec6.pdf. 2016-04-07.

177. 国家能源局．抽水蓄能中长期发展规划（2021-2035年）[Z]. http://zfxxgk.nea.gov.cn/1310193456_16318589869941n.pdf. 2021-09-17.

178. 数字能源产业智库．数字能源十大趋势白皮书 [M]. https://e.huawei.com/cn/material/networkenergy/dc-energy/0cab2c6cc3774daf87ac3eed91b5b55c. 2021-2.

179. 华金证券．环保及公用事业行业：路在脚下，碳达峰至碳中和 [R]. 2021-02-02.

180. 国家能源局．中华人民共和国能源法（征求意见稿）[Z]. http://www.nea.gov.cn/2020-04/10/c_138963212.htm. 2020-04-10.

181. 江苏省工信厅，发改委，科技厅．江苏省氢燃料汽车行动规划 [Z]. http://gxt.jiangsu.gov.cn/art/2019/8/29/art_6278_8695625.html. 2019-08-27.

182. 南海区发展改革局．佛山市南海区氢能产业发展规划（2020-2035 年）[Z]. http://www.nanhai.gov.cn/fsnhq/zwgk/zdgk/fzgh/content/post_4191927.html. 2020-02-24.

183. 新乡市人民政府．氢能与燃料电池产业发展规划 [Z]. http://www.xinxiang.gov.cn/sitesources/xxsrmzf/page_pc/zwgk/zfwj/szfwj/article4d22988679ef45c087d883f2a4b6fd0e.html. 2020-04-27.

184. IEA. World Energy Outlook 2017[Z]. Paris. https://www.iea.org/reports/world-energy-outlook-2017. 2017.

185. IEA. The role of CCUS in low-carbon power systems[Z]. Paris. https://www.iea.org/reports/the-role-of-ccus-in-low-carbon-

power-systems. 2020.

186. 天风证券．什么是碳中和背景下的 CCUS？ [Z]. https://pdf.dfcfw.com/pdf/H3_AP202108021507544426_1.pdf?1627919747000.pdf. 2021-08-1.
187. 环境保护部．二氧化碳捕集、利用与封存环境风险评估技术指南（试行）[S]. https://www.mee.gov.cn/gkml/hbb/bgt/201606/W020160624568856649202.pdf. 2016-06-21.
188. 山西省人民政府．【全方位推动高质量发展透视】变“碳”为宝大有可为 [Z]. http://www.dt.gov.cn/dtzww/sxyw/202111/5a59f1e0cb024739ae37239ac64cf248.shtml. 2021-11.
189. 习近平．决胜全面建成小康社会 夺取新时代中国特色社会主义伟大胜利——在中国共产党第十九次全国代表大会上的报告 [Z]. http://www.gov.cn/zhuanti/2017-10/27/content_5234876.htm. 2017-10-18.
190. Mario Melillo. Il cloud computing come strumento a sostegno della decarbonizzazione, https://www.techeconomy2030.it/2020/11/24/il-cloud-computing-come-strumento-a-sostegno-della-decarbonizzazione/, 2020-11-24.
191. iiMedia Research. 2021 年上半年中国共享出行发展专题研究报告 [Z]. https://report.iimedia.cn/repo9-0/39446.html?acPlatCode=sohu&acFrom=bg39446. 2021.
192. 范乐思，陈白平，何大勇，刘冰冰，施惠俊．助力新达峰目标与碳中和愿景 [Z]. https://web-assets.bcg.com/98/11/622d01934bc2bcecbdb1455b92cd/bcg-x-cdrf-how-china-can-reach-its-dual-climate-goals-mar-2021-cn-1.pdf. 2021-03.

193. United Nations. Nationally determined contributions under the Paris Agreement[Z]. https://unfccc.int/sites/default/files/resource/cma2021_08_adv_1.pdf. 2021-09-17.

194. 清华大学，中国工程院．中国建筑节能的技术路线图项目研究报告 [Z]. https://zhuanlishuju.oss-cn-qingdao.aliyuncs.com/%E6%88%98%E7%95%A5%E5%92%A8%E8%AF%A2%E6%8A%A5%E5%91%8A/%E4%B8%AD%E5%9B%BD%E5%BB%BA%E7%AD%91%E8%8A%82%E8%83%BD%E7%9A%84%E6%8A%80%E6%9C%AF%E8%B7%AF%E7%BA%BF%E5%9B%BE%E9%A1%B9%E7%9B%AE%E7%A0%94%E7%A9%B6%E6%8A%A5%E5%91%8A.pdf. 2013-12-23.

195. 电子工程世界．2021 年的超强风口．物联网成实现“碳中和”的关键 [Z]. http://news.eeworld.com.cn/qrs/ic533321.html. 2021-04-20.

196. 李克强．政府工作报告 [Z]. http://www.gov.cn/zhuanti/2018lh/2018zfgzbg/zfgzbg.htm. 2018-03-05.

197. 驻奥地利共和国大使馆经济商务处．人工智能有效解决碳排放 [Z]. http://www.mofcom.gov.cn/article/i/jyjl/m/202102/20210203037738.shtml. 2021-01-26.

198. 碳中宝．人工智能与碳中和 [Z]. https://zhuanlan.zhihu.com/p/391925512. 2021-07-22.

199. 国家发改委国际司．多方敦促发达国家兑现气候资金承诺 [Z]. https://www.ndrc.gov.cn/fggz/gjhz/zywj/202109/t20210926_1297663.html?code=&state=123. 2021-9-26.

200. 工业和信息化部．工业和信息化部办公厅关于开展绿色制造体系建设的通知 [Z]. https://www.miit.gov.cn/jgsj/jns/gzdt/art/2020/

art_db58aa7e972642948a1be9cb41280c7b.html. 2016-09-20.

201. 国务院．国务院关于印发“十三五”生态环境保护规划的通知 [Z]. http://www.gov.cn/zhengce/content/2016-12/05/content_5143290.htm. 2016-11-24.

202. 新华社．习近平主持召开中央财经委员会第九次会议 [Z]. http://www.gov.cn/xinwen/2021-03/15/content_5593154.htm?gov. 2021-03-15.

203. 人民网．智能化助力绿色制造 [Z]. http://m.people.cn/n4/2020/1208/c204473-14612334.html. 2020-12-08.

204. 国家发展改革委．绿色生活创建行动总体方案 [Z]. http://www.gov.cn/xinwen/2019-11/05/content_5448936.htm. 2019-10-29.

205. European Commission. Development of EU ETS（2005-2020）[Z]. https://ec.europa.eu/clima/eu-action/eu-emissions-trading-system-eu-ets/development-eu-ets-2005-2020_en.

206. Jos Delbeke,Peter Vis. 欧盟气候政策说明 [Z]. https://ec.europa.eu/clima/system/files/2017-02/eu_climate_policy_explained_zh.pdf .2016.

207. EU. REPORT FROM THE COMMISSION TO THE EUROPEAN PARLIAMENT AND THE COUNCIL[R]. https://eur-lex.europa.eu/legal-content/EN/TXT/PDF/?uri=CELEX:52019DC0557R（01）&rid=6. 2020-01-16.

208. 美国田纳西州橡树岭国家实验室环境科学部二氧化碳信息分析中心，世界银行．二氧化碳排放量（人均公吨数）[Z]. https://data.worldbank.org.cn/indicator/EN.ATM.CO2E.PC?end=2018&locations=NZ&start=1960&view=chart.

209. ICAP. Emissions Trading Worldwide: ICAP Status Report 2021[Z]. https://www.eu-chinaets.org/information/reports/116. 2021-06-01.

210. EU. Auctions by the Common Auction Platform[Z]. https://ec.europa.eu/clima/system/files/2021-10/policy_ets_auctioning_cap_report_202109_en.pdf. 2021-09.

211. Huw Slater,Dimitri de Boer, 钱国强 , 王庶 . 2020 年中国碳价调查 [Z]. http://www.chinacarbon.info/wp-content/uploads/2020/12/2020-CCPS-CN.pdf. 2020-12.

212. 人民日报 . 运用市场机制促进碳减排 [N]. 2021 年 06 月 29 日 10 版 . 2021-06-29.

213. 国务院新闻办公室网站 . 碳排放权交易：电力何以打头阵 [Z]. http://www.scio.gov.cn/32344/32345/44688/46249/46256/Document/1708526/1708526.htm. 2021-07-13.

214. 国家能源局 . 全国碳排放权交易市场将启动上线交易选择发电行业为突破口 [Z]. http://www.nea.gov.cn/2021-07/16/c_1310064978.htm. 2021-07-16.

215. 国家发展改革委 . 企业温室气体排放核算方法与报告指南 [S]. https://www.ndrc.gov.cn/xxgk/zcfb/tz/201311/t20131101_963960.html?code=&state=123. 2013-10-15.

216. 国家发展改革委 . 全国碳排放权交易第三方核查参考指南 [S]. https://www.ndrc.gov.cn/xxgk/zcfb/tz/201601/t20160122_963576.html?code=&state=123. 2016-01-11.

217. 能源发展网 . “电力高频数据碳排放”监测平台上线 [Z]. https://www.nationalee.com/newsinfo/1508988.html. 2021-05-25.

218. 联合国环境规划署 . 2019 年排放差距报告 [R]. https://www.

unep.org/interactive/emissions-gap-report/2019/report_zh-hans.php. 2020.

219. EU. European Green Deal: Commission proposes transformation of EU economy and society to meet climate ambitions[Z]. https://ec.europa.eu/commission/presscorner/detail/en/IP_21_3541. 2021-07-14.

220. IPCC. 二氧化碳捕获和封存 [Z]. https://www.ipcc.ch/site/assets/uploads/2018/03/srccs_spm_ts_cn-1.pdf. 2018-03.

221. EU. DIRECTIVE OF THE EUROPEAN PARLIAMENT AND OF THE COUNCIL[Z]. https://eur-lex.europa.eu/legal-content/EN/TXT/?uri=CELEX:52021PC0557. 2021-07-14.

222. Urban Innovative Actions. RESILIO - Resilience network of Smart Innovative climate-adaptive rooftops[Z]. https://uia-initiative.eu/en/uia-cities/amsterdam

223. CBS. How much do we recycle[Z]. https://longreads.cbs.nl/the-netherlands-in-numbers-2020/how-much-do-we-recycle/. 2021.

224. California air resources board. AB 32 Global Warming Solutions Act of 2006[Z]. https://ww2.arb.ca.gov/resources/fact-sheets/ab-32-global-warming-solutions-act-2006. 2018-09-28.

225. Environment and Climate Change Canada. 泛加拿大清洁增长和气候变化框架 [Z]. https://publications.gc.ca/site/eng/9.828774/publication.html. 2016.

226. Thomas Dietz, Gerald T. Gardner, Jonathan Gilligan, Paul C. Stern, and Michael P. Vandenbergh. Household actions can provide

a behavioral wedge to rapidly reduce US carbon emissions[Z]. https://www.pnas.org/content/106/44/18452.short. 2009-11-3.

227. 北极星大气网．“碳中和”专题系列研究报告 碳中和对标与启示（日本篇）[R]. https://huanbao.bjx.com.cn/news/20210817/1170469.shtml. 2021-08-17.

228. Electrical Japan. 东京电力株式会社・电力使用状况（电力需给）グラフ [R]. http://agora.ex.nii.ac.jp/earthquake/201103-eastjapan/energy/electrical-japan/usage/3.html.ja.

229. 落基山研究所，中国投资协会．以实现碳中和为目标的投资机遇 [Z]. 2020-11

230. 中国气候变化信息网．蓝碳：应对气候变化的海洋方案 [Z]. https://www.ccchina.org.cn/Detail.aspx?newsId=70773&TId=59. 2018-09-20.

231. 国际航运公会．2020 年度报告 [R]. https://www.ics-shipping.org/wp-content/uploads/2020/11/ICS-Annual-Report-2020-Chinese-version.pdf.2020-11.

232. 国家能源局．立足国情统筹降碳与能源安全 [Z]. http://www.nea.gov.cn/2022-02/18/c_1310478264.htm. 2022-02-18.

233. 国家电力投资集团有限公司．智慧能源引领全球能源发展 [Z]. http://www.spic.com.cn/ttxw/202011/t20201112_313160.htm. 2020-11-12.

234. 陈海生．储能技术与应用进展 [Z]. https://iea.blob.core.windows.net/assets/01c36f27-47ed-4153-ad2d-e7ee620e6cb7/CHENHaishengChineseAcademyofSciencesChinasenergystoragetechnologyandapplicationprogressChinese.pdf. 2021-03.

235. 新华社．世界规模最大抽水蓄能电站 30 日投产发电 [Z]. http://

www.sasac.gov.cn/n2588025/n2588139/c22519099/content.html. 2021-12-31.

236. 世界经济论坛 . 指数气候行动路线图 [Z]. https://exponentialroadmap.org/. 2020.
237. 上海市经济和信息化委员会 . 2020 年绿色制造成效显著 [Z]. http://www.sheitc.sh.gov.cn/jjyw/20210111/fad6b258a26c4c4b9f4fc1599d5202b9.html. 2021-01-11.
238. 北京青年报 . 全国碳排放权市场开张首日开门红 [Z]. http://epaper.ynet.com/html/2021-07/17/content_379296.htm?div=-1. 2021-07-17.
239. 国际能源署 . 中国碳市场在电力行业低碳转型中的作用 [Z]. https://huanbao.in-en.com/html/huanbao-2337877.shtml. 2021-04.
240. 能源发展网 . “电力高频数据碳排放”监测平台上线 [Z]. https://www.nationalee.com/newsinfo/1508988.html. 2021-05-25.
241. M. Szmigiera. Degree of urbanization 2021[Z]. https://www.statista.com/statistics/270860/urbanization-by-continent/. 2021-12-02.
242. 欧盟委员会 . 绿色新政 [Z]. 2019-12.
243. 加拿大环境部和自然资源部 . 联邦适应政策框架 [Z]. 2011.
244. 郑漳华 , 倪宇凡 , 冯利民 , 张胜祥 , 王歆 . 欧洲能源发展趋势分析及其对能源碳中和的启示 [J]. 电器与能效管理技术 ,2021（10）:1-6.DOI:10.16628/j.cnki.2095-8188.2021.10.001.
245. 杨儒浦 , 冯相昭 , 赵梦雪 , 王敏 , 王鹏 , 杜晓林 . 欧洲碳中和实现路径探讨及其对中国的启示 [J]. 环境与可持续发展 ,2021,46（03）:45-52.DOI:10.19758/j.cnki.issn1673-288x.202103009.
246. 环境保护部办公厅 . 二氧化碳捕集、利用与封存环境风险评估技术指南（试行）[R], 2016.

247. 国务院 .“十三五”控制温室气体排放工作方案 [R], 2016.

248. 环境保护部办公厅《关于加强碳捕集、利用和封存试验示范项目环境保护工作的通知》[R], 2013.

249. 国家能源局 . 中华人民共和国能源法（征求意见稿）[R], 2020.

致谢

感谢以下单位和个人为本书提供了丰富的实践案例和建议。

施耐德电气：蔡婷婷

中共永泰县委

新疆生产建设兵团：韩若昊

浙江省绿色科技文化促进会：董舒

浙江大学电气工程学院：董树锋、蒋雪冬

浙江大学机械工程学院：彭涛

华聚复合材料有限公司：刘宏生

四川大学：王洪涛

阿里云计算有限公司：袁灿、王奕快、周凡珂、邵海涛

浙江大学管理学院：谢慧芹、忻皓

中国美术学院：王昀、陈赟佳、杜靓

北京交通大学物理国家级实验教学示范中心，北京师范大学科学教育研究院：陈征

上海交通大学：陈玥汐